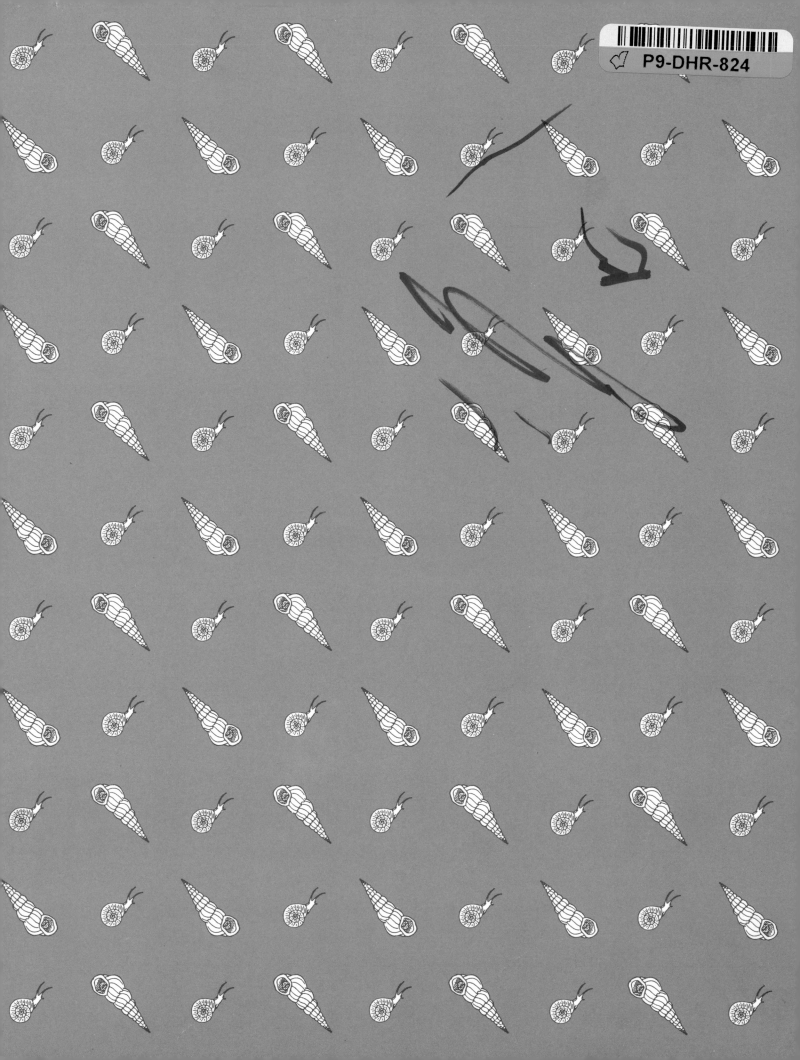

moluscos, crustáceos y otros animales acorazados

Cruz de plata con incrustaciones de nácar de oreja de mar.

Oreja de mar nacarada verde.

Valva de ostra soldada a un mejillón.

Bivalvo de agua dulce.

Concha pluma *(nacra)* joven.

Delfínula de Victor Dan.

Caracoles terrestres jamaicanos.

Amonita fósil.

Pinza de buey de mar comestible europeo.

Concha de *polygratia,* caracol terrestre.

Cangrejo angular

Colonia de moluscos tubulares.

Caracoles
terrestres
cubanos.

Escalaria

BIBLIOTECA VISUAL ALTEA

moluscos, crustáceos y otros animales acorazados

por
Alex Arthur

Múrice «peine
de Venus».

Caracola pagoda
japonesa
(thatcheria).

Erizo de mar
«cidaris».

Erizo de mar
«pizarrín».

Cría de
tortuga «pico
de halcón».

ALTEA

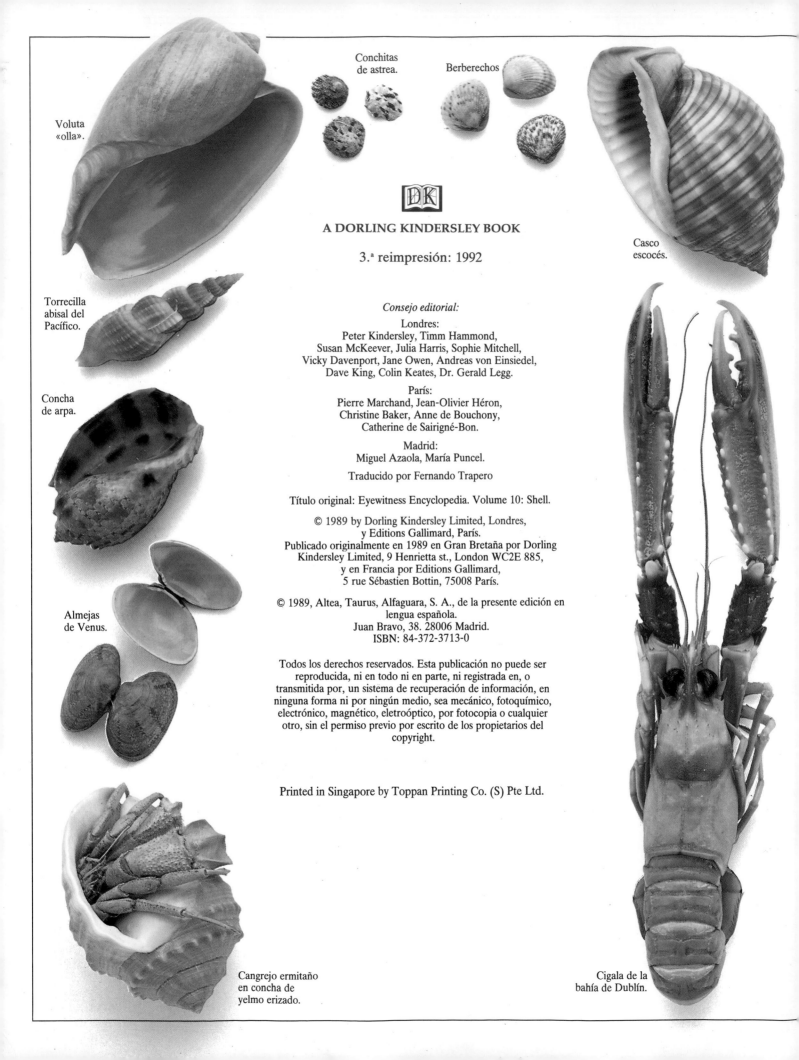

Voluta «olla».

Conchitas de astrea.

Berberechos

Casco escocés.

Torrecilla abisal del Pacífico.

Concha de arpa.

Almejas de Venus.

Cangrejo ermitaño en concha de yelmo erizado.

Cigala de la bahía de Dublín.

DK

A DORLING KINDERSLEY BOOK

3.ª reimpresión: 1992

Consejo editorial:

Londres:
Peter Kindersley, Timm Hammond,
Susan McKeever, Julia Harris, Sophie Mitchell,
Vicky Davenport, Jane Owen, Andreas von Einsiedel,
Dave King, Colin Keates, Dr. Gerald Legg.

París:
Pierre Marchand, Jean-Olivier Héron,
Christine Baker, Anne de Bouchony,
Catherine de Sairigné-Bon.

Madrid:
Miguel Azaola, María Puncel.

Traducido por Fernando Trapero

Título original: Eyewitness Encyclopedia. Volume 10: Shell.

© 1989 by Dorling Kindersley Limited, Londres,
y Editions Gallimard, París.
Publicado originalmente en 1989 en Gran Bretaña por Dorling
Kindersley Limited, 9 Henrietta st., London WC2E 885,
y en Francia por Editions Gallimard,
5 rue Sébastien Bottin, 75008 París.

© 1989, Altea, Taurus, Alfaguara, S. A., de la presente edición en
lengua española.
Juan Bravo, 38. 28006 Madrid.
ISBN: 84-372-3713-0

Printed in Singapore by Toppan Printing Co. (S) Pte Ltd.

Caracolillos
de luna,
desgastados.

Sumario

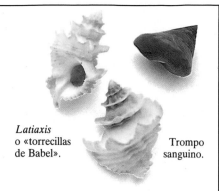

Latiaxis
o «torrecillas
de Babel».

Trompo
sanguino.

Conchas, cáscaras, caparazones

MUCHOS SERES VIVIENTES tienen diversos tipos de cubiertas protectoras, y no sólo las bonitas conchas que a veces encontramos en la playa una tarde de verano. Cubiertas duras tienen tanto ciertos frutos como los huevos de ave, los lentos caracoles y los huidizos cangrejos. El caparazón, que a menudo no es más que una piel endurecida, y en otros casos es grueso y pesado, como el de los moluscos, siempre constituye un medio de protección, ya sea contra los predadores y las agresiones mecánicas, o contra las temperaturas extremadas. Las cáscaras de los huevos protegen al futuro pollito; las de los frutos secos, a las semillas que engendrarán una nueva vida. También los insectos están casi todos protegidos por una piel endurecida y segmentada; pero ninguno ha segregado los gruesos y pesados caparazones de los centollos y los bogavantes. La desventaja de un esqueleto externo, es que no crece a la par que el animal, de modo que el caparazón viejo ha de ser sustituido por otro nuevo adaptado al tamaño mayor.

Pelos de la cáscara

¡Hasta los gusanos producen caparazones! Esta colonia (izquierda), sacada del fondo de un estuario, contiene centenares de tubitos duros. Cada uno de ellos fue el hogar de un diminuto gusanillo marino.

El coco (derecha), fruto de la palmera tropical llamada cocotero, se consume en muchas partes del mundo. Una gruesa, dura y velluda cáscara sirve de cofre a un dulce y lechoso jugo y una deliciosa pulpa blanca. Cuando crece, el coco está recubierto de una piel suave, que luego se cae.

Pulpa blanca

Cáscara

Semilla

Estas «castañas de la suerte», tan relucientes, crecen dentro de vainas a orillas del Amazonas. Al madurar, revientan las vainas y sueltan sus castañas al río. Cuando llegan al mar, la sal las pulimenta; sirven de amuletos de la buena suerte.

Huevo de avestruz.

El armadillo es uno de los últimos supervivientes de un grupo de animales acorazados que prosperaron sobre la tierra hace unos cincuenta millones de años.

Muchos animales ponen huevos, mediante los cuales se desarrolla la cría fuera del cuerpo de la madre; los más conocidos son los de las aves. Los huevos fértiles se transforman en polluelos, como éste de faisan.

Polluelo de faisán.

El huevo del avestruz, cuyo tamaño es veinte veces el de una gallina, es uno de los mayores que ponen las aves.

A diferencia de las conchas, los esqueletos están entre piel y carne. Pero cabe considerar al cráneo como un tipo de caparazón, ya que a su vez encierra y protege a los órganos blandos, sobre todo al cerebro, a la vez que sirve de armazón a la carne y la piel. Todos los mamíferos, aves y reptiles tienen esqueletos internos, cada uno de los cuales confiere su imagen al ser correspondiente.

Cráneo de tejón

Pinza

Cuerpo segmentado.

Al igual que todos los insectos, los escorpiones son seres invertebrados con una cubierta exterior que los protege. Los insectos son los seres que más abundan, y se los ha relacionado mucho con los crustáceos (pág. 22). Como les ocurre a los cangrejos y langostas, los insectos segmentados y provistos de caparazón tienen que mudar de envoltura para crecer.

Cuatro pares de patas para andar.

Aguijón.

Animales protegidos

De TODOS LOS DIFERENTES TIPOS DE ANIMALES, sólo unos pocos poseen una cubierta externa dura, que protege a los órganos internos de sus cuerpos. Los mamíferos, las aves, los reptiles y los peces poseen en cambio un esqueleto interno. Las tortugas, de mar y tierra, son los únicos animales vertebrados que poseen un esqueleto interno y una concha externa. La mayoría de los demás seres con envoltura externa son invertebrados (esto es, que no tienen espina dorsal) y muchos son animales muy sencillos que virtualmente no han cambiado desde hace millones de años. No todos los caparazones son iguales: las conchas marinas y las de los caracoles son capas de carbonato cálcico; los de los cangrejos son de una sustancia llamada *quitina,* y los de las tortugas son de hueso cubierto de *queratina,* una proteína que se halla en las uñas humanas.

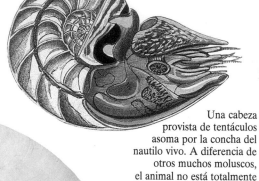

El nautilo

Una cabeza provista de tentáculos asoma por la concha del nautilo vivo. A diferencia de otros muchos moluscos, el animal no está totalmente protegido por su cubierta, y por tanto no puede esconderse cuando le amenaza un peligro.

Moluscos

El mayor grupo de seres protegidos por conchas es el de los moluscos, de los que hay unas 75.000 especies, incluidos tanto los caracoles como las ostras y los pulpos. Esos versátiles animales han evolucionado de modo que pueden vivir tanto en el mar como en agua dulce o en tierra. La mayoría de ellos tienen una cubierta protectora.

Caracol de tierra, comestible.

Una de las conchas más conocidas es la del caracol de tierra comestible. Estos animales escasean ahora ya en la naturaleza, pero se los cría para satisfacer el paladar de los aficionados.

Esta concha pertenece al nautilo, miembro del grupo más evolucionado de los moluscos: los cefalópodos (pág. 19). El nautilo es el único cefalópodo que aún tiene una verdadera concha externa.

Concha de nautilo.

Ostra gallega.

Muchos moluscos han desarrollado cubiertas que no son visibles desde fuera. Estas conchas de espírula pertenecen a un molusco parecido al calamar.

Conchas de espírula.

Al igual que el caracol comestible, este múrice espinoso pertenece a un grupo de moluscos univalvos denominados *gasterópodos* (pág. 12). Estos caracoles viven en el mar, donde existe la mayor variedad de moluscos.

Las perlas se forman dentro de las conchas de las ostras (véase página 36). Esas conchas se denominan bivalvas; sus dos partes están unidas por un ligamento elástico, y se mantienen unidas mediante vigorosos músculos. Las ostras comestibles se reproducen en criaderos, igual que los caracoles (arriba).

Múrice «peine de Venus».

Reptiles

Los reptiles son un variado grupo de animales de sangre fría y vertebrados, con espina dorsal, que incluye a las serpientes y los lagartos. De ellos, solamente las tortugas (pág. 28) poseen caparazón, que en realidad no es más que una proyección de sus esqueletos.

El caparazón óseo de la tortuga le procura un escudo protector bajo el cual el animal esconde cabeza y patas en caso de peligro.

Erizo de mar purpúreo.

Tortuga mora.

El caparazón de un erizo de mar, llamado «concha», recuerda un escudo celta de bronce tachonado. Está formado de placas perfectamente ajustadas y recubre totalmente las partes blandas del animal.

Erizo de mar tropical.

El caparazón de los erizos de mar vivos está recubierto de centenares de púas o espinas que le sirven al animal para moverse en el fondo del mar. En algunos casos estas espinas son muy puntiagudas.

Equinodermos

Este grupo de animales marinos primitivos incluye tanto las estrellas de mar y los cohombros de mar, que no tienen caparazones, como los erizos y «patatas de mar» (pág. 20).

«Dólar de la arena» de Florida.

Estos erizos de mar planos, dólares de la arena, tienen púas muy finas y están adaptados a vivir en las orillas arenosas.

Crustáceos

Existen más de 30.000 tipos de crustáceos entre ellos las langostas, las gambas, los cangrejos, los percebes y las lapas. Muchos tienen un caparazón articulado y viven en los océanos, mientras que otros se han adaptado a vivir en agua dulce o en tierra.

Este pequeño cangrejo pardo de mar velludo (izquierda) vive en las charcas poco profundas; pero pueden hallarse parientes suyos con una envergadura entre patas de más de 3,5 m. en aguas más profundas.

Percebe atlántico.

Aunque se parecen bien poco a los cangrejos o a los bogavantes, los percebes son también crustáceos. Todos los percebes son animales marinos y se pasan la vida adheridos a una base dura, que puede ser otro molusco o el casco de un barco. Sus caparazones están reforzados por placas de calcio.

En muchas partes del mundo es muy estimada la carne del cangrejo de mar, al que se pesca en grandes cantidades mediante retel o nasas con cebo. El caparazón del cangrejo protege sus órganos internos, también sus patas están recubiertas de una sustancia dura semejante a la concha. A este ejemplar le faltan dos de sus ocho patas.

Una vida en espiral

A PESAR DE LA GRAN VARIEDAD DE FORMA, tamaño y peso, todas las conchas marinas son producidas por los animales que viven dentro de ellas, y todas crecen «de dentro hacia fuera». Las estructuras espirales formadas por los moluscos gasterópodos representan uno de los diseños más notables que se pueden encontrar en todo el mundo animal. El molusco, que inicia su vida en forma de minúscula larva, va construyendo a su alrededor su concha depositando calcio desde el manto, un pliegue carnoso del cuerpo animal. A medida que va creciendo el animal, la concha se extiende por fuera en forma de perfecta espiral. Cada tipo de concha marina tiene un diseño algo diferente, y ese modelo único va pasando de generación en generación.

Las bonitas formas de las conchas marinas han influido e inspirado a numerosos artistas y arquitectos a lo largo de los siglos. Aquí se ha aprovechado la forma radial de la concha venera para adornar el nicho abovedado al estilo rococó.

Cámaras de flotación.

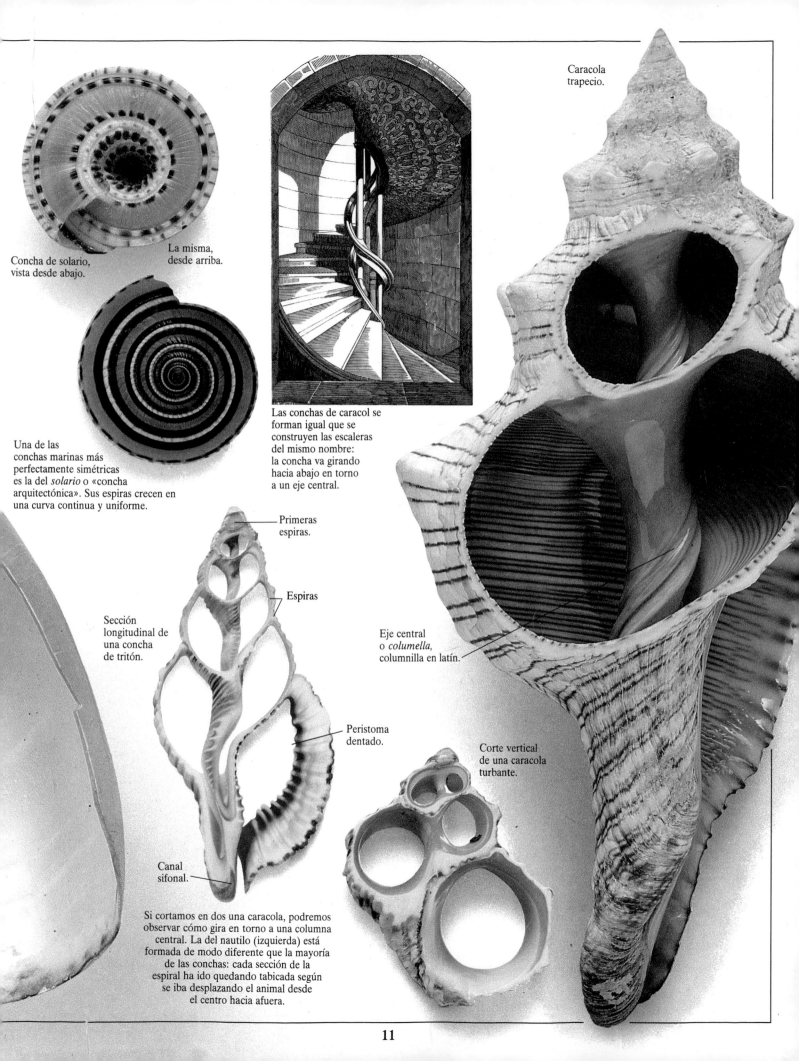

Concha de solario,
vista desde abajo.

La misma,
desde arriba.

Una de las
conchas marinas más
perfectamente simétricas
es la del *solario* o «concha
arquitectónica». Sus espiras crecen en
una curva continua y uniforme.

Las conchas de caracol se
forman igual que se
construyen las escaleras
del mismo nombre:
la concha va girando
hacia abajo en torno
a un eje central.

Caracola
trapecio.

Primeras
espiras.

Espiras

Sección
longitudinal de
una concha
de tritón.

Eje central
o *columella*,
columnilla en latín.

Peristoma
dentado.

Corte vertical
de una caracola
turbante.

Canal
sifonal.

Si cortamos en dos una caracola, podremos
observar cómo gira en torno a una columna
central. La del nautilo (izquierda) está
formada de modo diferente que la mayoría
de las conchas: cada sección de la
espiral ha ido quedando tabicada según
se iba desplazando el animal desde
el centro hacia afuera.

11

Caracoles de todo el mundo

Estas singulares conchas de delfínula proceden del Japón.

Concha «arpa de Doris».

CUANDO RECOGEMOS UNA «CONCHA» en la playa, lo más probable es que hayamos encontrado el caparazón vacío de un caracol marino. Los caracoles pertenecen a un dilatado grupo de moluscos conocidos además por los nombres de *gasterópodos* o *univalvos*. Estos dos nombres indican sendos rasgos distintivos: «gasterópodos» deriva de dos palabras griegas que significan «vientre» y «pie» y, en efecto, todos los órganos importantes de un caracol están implantados en función de su maciza base. El término «univalvo» nos dice que su concha es única, arrollada con frecuencia en espiral, y en ella viven muchos gasterópodos, a diferencia de las conchas de dos piezas que caracterizan a los *bivalvos* (véase pág. 16). Los gasterópodos son el grupo más numeroso de los moluscos, y hay más de 40.000 tipos diferentes viviendo en todos los mares del planeta.

Las hermosas conchas «arpa» tropicales deben su nombre a las suaves costillas regularmente espaciadas, que recuerdan las cuerdas de un arpa.

Los «higos», conchas gráciles y sumamente frágiles, viven en mares cálidos. Con su cuerpo recubren gran parte de la concha.

El tinte púrpura se extrae de unos moluscos entre los que figuran ciertos tipos de múrices, conchas espinosas. Los antiguos fenicios fueron los primeros en descubrir esa propiedad y sus mantos de púrpura tirios, así llamados porque se confeccionaban en la ciudad de Tiro, los vestían los nobles romanos como símbolo de riqueza. La púrpura siempre ha sido considerada como color regio, y los ropajes de reyes y reinas se siguen tiñendo de púrpura hoy en día.

Las «ranas», así llamadas por su aspecto rugoso, se encuentran en muchos mares cálidos. Los ejemplares de gran tamaño se utilizaron en tiempos para lámparas de aceite.

Cono geográfico.

Concha «rana» noble.

Distorsio común.

La concha *distorsio*, existente sobre todo en los mares tropicales, tiene una forma inflada y retorcida. Esas conchas son de la familia de los tritones (derecha) y son parientes cercanas de las conchas «rana» (arriba, izquierda).

Los *conos* viven en muchos mares y se alimentan principalmente de pececillos y gusanillos. Son de las conchas más buscadas y se las conoce por la característica del animal que las habita que puede paralizar a sus presas con un minúsculo «arpón», provisto de púas y venenoso. Uno de los conos más venenosos es el *geógrafo* (arriba), de la región indopacífica, causante de no pocas muertes de personas. En caso de encontrar un cono, conviene manejarlo con precaución.

Noble romano con capa tiria de púrpura.

Múrice carnaílla.

Múrice palmarrosa.

A muchas conchas se las llama caracoles marinos o caracolas, pero el nombre sólo se aplica en realidad a una familia de unos cien tipos de concha ampliamente difundidos. Uno de los más conocidos es este gran *tonel cepa*, de tonalidades sonrosadas, procedente de las Antillas Menores, que sirve de alimento y adorno. Dentro de algunas de estas conchas aparecen a veces unas perlas semipreciosas de color también rosáceo.

Conchas de cañadilla, múrice que segrega la púrpura.

Hay muchos tipos diferentes de conchas de múrices. Suelen tener curiosos apéndices o espinas.

Tonel cepa.

Las conchas llamadas *turbantes* son sólidas y pesadas, con su interior nacarado. El gran turbante verde del Pacífico (izquierda) sirve para confeccionar botones.

Voluta festiva

Revestimiento interior de nácar.

Las *volutas*, conchas grandes y a veces de formas atractivas, se encuentran en muchos mares, aunque la mayoría de las especies se dan por las costas de Australia. Las de aguas frías no son tan esplendorosas como las de aguas calientes que aquí vemos. Muchos de los doscientos tipos diferentes viven en la arena, y todos son carnívoros. Debido a su variedad, las volutas son muy conocidas por los coleccionistas de conchas.

Voluta hebraica

La más conocida de las conchas tritón es la *caracola* (o trompeta tritón) utilizada como bocina en diversas partes del mundo (pág. 32). Algunas de ellas tienen vistosos colores; pero, cuando están vivas, las conchas son difíciles de ver porque suelen estar recubiertas de una fibra velluda (pág. 41).

Voluta de Bednall.

Concha de *vermicularia*, gusano ranurado.

Tritón moteado de negro.

Las coloridas y robustas conchas llamadas *casco* o *yelmo* toman su nombre de los cascos de los gladiadores de la Roma clásica. Se dan en muchos mares calientes y algunas llegan a los 30 cm. de longitud. Los camafeos se tallan tradicionalmente en la concha del casco morro de buey, frecuente en las costas de África oriental.

Las conchas de *vermicularia* comienzan en pequeñas espirales regulares, semejantes a las llamadas *torrecillas* (pág. 43), pero se dislocan y toman formas cada vez más irregulares a medida que crecen. Estas conchas suelen estar soldadas a las rocas o enterradas en las esponjas y la arena, ya que su desenrollada forma no es nada apta para la movilidad.

Camafeo victoriano.

Las conchas aovadas como esta volva «rehilete» (izquierda), están muy emparentadas a las auténticas *cauríes*, pero raras veces tienen los vistosos colores de éstas.

Cauríes que sirven de moneda.

Los *porcelanitas* o *cauríes* son uno de los moluscos gasterópodos más conocidos; sus lustrosas conchas semejantes a la porcelana china parecen haber sido barnizadas, pero su brillo es natural. Estas conchas siempre han sido apreciadas por su belleza, y sus vistosos colores hacen que sean objeto frecuente de colección por parte de los modernos conquiliólogos: alguna variedad rara ha sido vendida por más de 20.000 dólares... Muchos de los alrededor de doscientos tipos de cauríes viven en zonas tropicales, a menudo junto a los arrecifes de coral.

Casco morro de buey.

Caurí cilíndrica.

Caurí en forma de yelmo.

Cauríes cabeza de serpiente

Continúa en la página siguiente

Faisanela australiana.

Escalaria preciosa.

Concha burbuja «de papel pautado de verde».

Concha burbuja de cintas blancas.

Lapas europeas

La escalaria es una de las conchas marinas más atractivas. Lleva ese nombre porque su forma recuerda a una escalera de caracol. Su concha era antes tan buscada, que se cuenta que los mercaderes chinos vendieron falsificaciones hechas con pasta de arroz.

Las conchas «burbuja» se llaman así por su apariencia frágil y globosa; son tan finas como el papel y ofrecen poca protección al molusco, que suele ser mucho mayor que la concha que acarrea.

Las lapas son unos de los moluscos más conocidos, ya que generalmente se los ve en las rocas costeras, firmemente fijados a ellas por un robusto pie. Algunos tipos tienen un orificio en el ápice de la concha, y se llaman «lapas de ojo». La cara interna de las lapas siempre tiene un brillo irisado.

Caracola de Humphrey.

Caracol de copa con estrías blancas.

Caracol de copa de boca negra.

Caracolillo granoso.

Caracolillo de malla.

Los caracoles marinos se hallan en gran número en la mayoría de los mares del mundo, tanto en aguas polares como en las tropicales, y forman una dilatada familia de moluscos; en muchas partes se los recoge con fines comerciales.

Caracol de copa rugoso.

Caracolillo abellotado.

Caracolillo de celosía.

El mítico personaje doctor Doolittle es famoso por su capacidad de hablar con toda clase de animales. En la película rodada acerca de sus aventuras, el doctor va en busca de un fabuloso caracol marino gigante de color rosa. Ni qué decir tiene que ningún molusco ha alcanzado nunca esas dimensiones...

Caracoles de agua dulce

Aunque la mayoría de los caracoles vive en el mar, también viven muchos gasterópodos en hábitats de agua dulce. Algunos de ellos absorben oxígeno del agua mediante branquias, mientras que otros poseen pulmones y tienen que salir a la superficie para respirar. Las formas y colores de los caracoles de agua dulce suelen ser menos vistosos que los de las especies marinas. A estos caracoles se los puede encontrar en la maleza y en los juncares, o en el fango y la arena, si bien a veces las conchas vacías van a parar a las orillas de los ríos, especialmente durante las crecidas.

Uno de los caracoles de agua dulce de mayor tamaño se encuentra en los ríos del sureste africano. Aunque alcanza una longitud de más de 12 cm., la concha de ese caracol gigante africano (derecha) es asombrosamente ligera y frágil. En el mar, una concha de ese tamaño estaría normalmente cubierta de todo tipo de duras incrustaciones; pero en agua dulce, las conchas suelen tener un manto de algas que se puede quitar fácilmente.

Este singular caracol llamado *tiphorbia* (derecha) posee una de las centenares de conchas únicas que pueden hallarse en el lago de Tanganica (África). En esa enorme extensión de agua rodeada de tierras se ha desarrollado una gran variedad de moluscos que más parecen gasterópodos de agua salada que de agua dulce.

Este frágil caracol es sumamente común tanto en los lagos como en los estanques y charcas de toda Europa. Cuando está vivo, tiene un color grisáceo, si bien en realidad es semitransparente, y lo que se ve es el color del molusco interior.

El caracol vivíparo listado (izquierda), que posee una de las mayores conchas de los caracoles europeos de agua dulce, pare sus crías ya formadas.

La forma espiral aplastada de este caracol «cuerno de morueco» (izquierda) es harto común.

Caracol africano gigante de río.

Caracoles terrestres

Para sobrevivir, los caracoles de tierra necesitan permanecer húmedos, y por ello su mayor actividad se desarrolla de noche o cuando se dan condiciones oscuras o acuosas. En ambiente seco, muchos tipos de caracoles pueden quedarse totalmente inactivos durante mucho tiempo, con el fin de ahorrar energía y humedad. Una vez, un ejemplar de museo, dado por muerto hacía tiempo, al dejarle fuera de la vitrina para limpiarla, sacó los cuernos al sol al cabo de unos cuantos años de «hibernación»...

Los caracoles terrestres cubanos de vivo colorido están ahora amparados por la ley, ya que el futuro de la especie se veía amenazado por la captura masiva con fines coleccionistas.

Los caracoles devoran cualquier tipo de vegetación, pero afortunadamente no tienen especial predilección por muchas lozanas plantas hortícolas.

Este *tropidophora* sumamente singular (derecha) sólo se halla en Madagascar (África), isla del océano Índico.

Opérculo

«Dientes»

Este insólito caracol de la selva tropical suramericana crece con la espiral hacia el suelo.

Los caracoles *achatina* (izquierda) se dan de modo natural en África, y allí sirven de alimento; pero, en otras partes de los trópicos, donde han sido introducidos por el hombre, se los considera una plaga.

Estos caracoles de típico color verde brillante sólo viven en los árboles de la isla de Manus, en el Pacífico, y figuran en las listas oficiales de especies amenazadas.

Cicatriz de crecimiento.

Caracol levógiro de la isla de Sao Tomé, golfo de Guinea.

Los caracoles que arrollan las conchas en sentido contrario a las agujas del reloj se llaman *levógiros;* el hecho es relativamente frecuente en los terrestres.

Opérculo

Este excepcional caracol sólo vive en Malaysia, y se le denomina «elefante» por ser muy pesado y robusto.

Caracoles rayados europeos.

Los caracoles comunes, aunque abundan en jardines y huertos, causan menos daños que sus parientes las babosas.

El caracol común rayado europeo tiene un aspecto muy cambiante. El color y número de sus rayas varían según el entorno en que vive (pág. 41).

Viviendas con bisagra

LOS BIVALVOS están entre los más conocidos de todos los animales marinos. Al igual que los gasterópodos, los bivalvos son moluscos, pero sus conchas están divididas en dos partes o *valvas*, que envuelven y protegen completamente el blando cuerpo del molusco. Las valvas están unidas entre sí por un pliegue rugoso en uno de los extremos, que forma una bisagra, y las valvas pueden abrirse o cerrarse mediante fuertes músculos o ligamentos. Comparados con los gasterópodos, los bivalvos llevan una vida poco activa: como no son capaces de salir de sus conchas para arrastrarse, muchos viven inmersos en la arena o en el fango (véase pág. 42) o se esconden en las anfractuosidades de las rocas, mientras que otros se aferran a una superficie dura. Los bivalvos se alimentan abriendo sus valvas y filtrando agua mediante sus *agallas* o *branquias*, con el fin de capturar microscópicos seres del ambiente líquido que los rodea. Estos animalillos existen en dilatado número: en algunas zonas del fondo del mar se dan más de 8.000 ejemplares vivos de un solo tipo por metro cuadrado.

En este detalle del famoso cuadro de Boticelli vemos a Venus naciendo de una venera gigante.

Berberecho listado.

Las veneras, como ésta de manto regio, son de los bivalvos más conocidos. Algunas tienen la singular habilidad de abrir y cerrar las valvas rápidamente para alejarse nadando cuando se las molesta.

Ostra roja espinosa del Pacífico.

Las ostras espinosas se denominan también «crisantemos» por el parecido de sus apéndices con los pétalos de esa flor. Aunque no están emparentadas con las ostras verdaderas, se asemejan a ellas en que permanecen adheridas a una base firme a lo largo de su vida.

Ligamento

Las tellinas, de colores vistosos y brillantes, semejan a veces alas de mariposa.

Tellina plana.

Coquina dentada.

Las coquinas, en forma de cuña, son muy menudas, por lo que en más de una lengua se las apoda «habichuelas de mar»; abundan en las playas cálidas, y sirven para dar buen sabor a las sopas.

Tellina delgada.

Pluma nacarada doble.

La *nacra,* o pluma, se pasa la vida tiesa, con su afilado pie medio inserto en la maleza del fondo. La pluma gigante, que vive en el Mediterráneo, es uno de los mayores bivalvos, llegando a 60 cm. de largo.

La *tridacna* o almeja gigante alberga a un animal del que pueden comer veinte personas... Es común en las islas Molucas (Oceanía) y aquí vemos que una de sus valvas sirve de bañera infantil.

Aunque los bivalvos se pasan gran parte de la vida con las valvas entornadas, las suelen cerrar rápida y firmemente para protegerse de los predadores. Para ello, las dos mitades de la concha encajan de modo hermético y, cuando están cerradas, su abertura es tan impenetrable como el resto del caparazón.

Ostra cresta de gallo.

Berberecho espinoso.

Tridacna acanalada gigante.

Pluma noble joven.

Algunos bivalvos segregan estos *cirros* o moñas filamentosas para sujetarse a una base sólida.

Cirro o *biso.*

Hay muchos tipos y tamaños de almejas, pero el mayor molusco con concha es la *tridacna,* cuyas valvas llegan a medir 1,20 m. y a pesar más de 250 kg. El hombre ha utilizado esas enormes conchas para muchos fines: además de bañeras, de comederos de animales y de pilas para agua bendita; la concha es tan fuerte, que con ella pueden hacerse hachas para talar árboles. Se dice que alguna de estas almejas mató a más de un buscador de perlas aprisionando sus brazos o piernas entre las valvas.

Conchas marinas singulares

LA MAYORÍA DE LAS CONCHAS MARINAS son *gasterópodos* (pág. 10) o *bivalvos* (pág. 16); pero hay unos pocos grupos de animalillos con concha que tienen sólo un pequeño parecido con uno u otro grupo. El menor de tamaño y menos conocido es el de los moluscos denominados *gastrovermes*: animales singulares con conchas pequeñas parecidas a las lapas y que pueden vivir a 5.000 m. bajo la superficie del mar. Más conocidos son los *quitones*, a veces denominados «conchas cota de malla», porque su caparazón está formado por ocho placas separadas e imbricadas. Los *escafópodos*, o «conchas colmillo», como se las suele llamar, tienen conchas que se parecen a los colmillos de un elefante. Igual que los quitones, las conchas colmillo son seres primitivos que pueden encontrarse en muchos mares del globo, incluso en charcas costeras. Los más avanzados de todos los moluscos son los *cefalópodos* (nombre tomado de dos palabras griegas que quieren decir «cabeza» y «pie»), y así llamados por sus características cabezas provistas de tentáculos o patas. Esta clase incluye a los pulpos, los calamares, las sepias o jibias, los nautilos y los argonautas, que nadan libremente y han evolucionado sin verdaderas conchas.

La concha de un quitón está formada por ocho placas, o valvas, que están sujetas al lomo del animal de cuerpo blando. Esas valvas están unidas por un flexible aro muscular llamado cinturón, que le permite al animal moverse por superficies irregulares. Cuando se arranca a un quitón del lugar al que está adherido, se enrosca para proteger su blando cuerpo.

Valvas individuales de un quitón.

Cinturón

Quitones oliváceos.

Los quitones viven pegados a objetos sólidos como las rocas u otras conchas. Igual que las lapas, se adhieren herméticamente a la base cuando se los molesta.

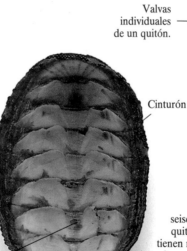

Placas de concha

Vista inferior de una concha de quitón.

Hay más de seiscientos tipos de quitones y, aunque tienen más o menos la misma forma, varían mucho de tamaño, desde 2 mm. hasta 30 cm. de largo.

Las conchas colmillo viven con la cabeza enterrada en la arena o el fango. Se alimentan de los microorganismos que capturan y que se llevan a la boca mediante tentáculos con forma de palo de golf.

Concha

Tentáculos para alimentación.

Pie

Manto

Conchas colmillo comunes.

Conchas «colmillo de elefante»

Tentáculos sensitivos y de alimentación.

Los colmillos de elefante siempre han tenido precios elevados; pero las conchas colmillo también son de mucho valor. Al igual que las conocidas *cauríes* (pág. 13) que sirvieron de moneda en África y en las islas de los Mares del Sur, se usaron sartas de conchas colmillo como moneda y como joyas en algunas tribus indias norteamericanas.

Conchas colmillo verdes

Antiguamente se creía
que el argonauta
«navegaba» utilizando su
cáscara como barco y dos
de sus brazos como velas.
Pero no es verdad: lo
cierto es que su
«concha», tan fina como
una oblea, no es más que
un cascarón que la
hembra usa para poner
los huevos, y que desecha
una vez que las crías
nacen.

Argonauta
«de papel».

Concha de
nautilo dividida
en cámaras.

En nautilo
pompilo es el
único cefalópodo
que posee una
verdadera concha externa,
pero el animal sólo vive cn cl
compartimento exterior. El interior de la concha está
dividido por muchos tabiques nacarados en diversos
compartimentos llenos de un gas que ayuda al nautilo a
flotar. El animalillo regula su flotación tomando o
soltando agua.

Desde hace millones
de años, las vistosas
jibias se desprendieron de sus
conchas externas y desarrollaron en su lugar una
interna que llamamos pluma
o sepión.

Jibia
común
viva.

La concha interna del calamar es un tubo
córneo transparente en forma de pluma
que sustenta el aerodinámico cuerpo
del animal. El calamar se propulsa
hacia atrás a chorro, absorbiendo
y expeliendo agua, y puede
librarse de un peligro
soltando una nube de tinta
para encubrir sus
movimientos.

Calamar

Espírula
común.

Conchas de
espírula.

La concha arrollada de
la espírula está dividida en su
interior en compartimentos como los
del nautilo (véase arriba); pero este animal
está más estrechamente ligado a la jibia, ya que
lleva la concha en el interior del cuerpo.

Los relatos de los marineros acerca de enormes
monstruos de las aguas se basaban
probablemente en las visiones de descomunales
cefalópodos. El calamar gigante es el mayor de
los animales invertebrados, llega a medir
hasta 20 m. de longitud.

Erizos de mar

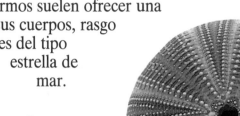

En esta vista inferior se distinguen claramente las mandíbulas de este erizo de mar vivo.

Los ERIZOS DE MAR pertenecen a un amplio grupo de animalillos llamados *equinodermos*, palabra tomada de otras dos griegas que significan «espina» y «piel». Varios tipos de extrañas criaturas de nombres chocantes forman parte de ese grupo, que incluye a las estrellas y los cohombros de mar; pero sólo los erizos y las galletas de mar y los dólares de la arena poseen «conchas».

Hay unos 800 tipos de erizos de mar viviendo en el fondo de los océanos de la Tierra hoy día. Aunque son de antiguo origen, se han adaptado a muchos tipos de ambientes marinos, desde los polos a los trópicos. Se los puede encontrar tanto en los bajíos como en las simas, y se alimentan tanto de plantas como de animales. Los equinodermos suelen ofrecer una simetría pentámera en sus cuerpos, rasgo particular en los animales del tipo estrella de mar.

Estos erizos «guisante», los más pequeños de los mares de Europa, se hallan comúnmente en los bordes de las playas.

Caparazones de erizos de mar tropicales.

El caparazón de un erizo de mar está formado por una serie de placas sólidamente yuxtapuestas y a veces imbricadas. La concha envuelve y protege las partes blandas del animal; suele tener forma de bola ligeramente aplastada y dividida en cinco zonas. Algunos caparazones tienen vistoso colorido, y sus diámetros van de 1 a 5 cm.

Este erizo comestible es el mayor de los europeos.

Cuando están vivos, los erizos de mar están cubiertos de numerosas púas o «espinas» tubulares que ayudan al animal a desplazarse. Las púas están fijadas al caparazón mediante unos músculos dentro de unas protuberancias semiesféricas, formando una articulación de bola que le permite moverse en cualquier dirección. El erizo utiliza las púas no sólo para desplazarse, sino para protegerse y, a veces, hasta de herramientas para excavar y esconderse entre las rocas.

Erizo de mar con todas sus púas.

Caparazón de erizo con parte de sus púas quitadas.

Los erizos de mar se alimentan mediante un complejo aparato mandibular formado por cinco dientes, que se asemeja al mandril que sujeta la broca en una taladradora eléctrica. Esa mandíbula está compuesta por placas óseas movidas por músculos, y se la suele denominar «linterna de Aristóteles» por su parecido con ciertas lámparas antiguas de aceite. La boca está en la cara inferior del erizo, orientada siempre hacia el lecho marino.

«Linterna de Aristóteles» o aparato mandibular del erizo de mar.

Erizo «cidaris» atlántico.

Los erizos de mar «cidaris» suelen estar cubiertos de púas muy finas. Este tipo vive en aguas medianamente profundas del Atlántico y del Mediterráneo.

El erizo de mar «pizarrín» suele hallarse con frecuencia en los arrecifes de coral tropicales, donde se esconde en las grietas durante el día, y sale a comer de noche. Sus largas y pesadas púas que usan a veces para hacer instrumentos musicales, o en la confección de joyas.

Los «dólares de la arena» constituyen un grupo específico de erizos de mar que se han adaptado a vivir sólo en las costas arenosas. A diferencia de los demás erizos, poseen púas finas y son de forma achatada, lo que favorece la estabilidad en el fondo marino y les facilita el hacer hoyos poco profundos en la arena. Los «dólares» viven en aguas cálidas y son especialmente abundantes en los mares del Caribe y Australia.

Erizo de mar «pizarrín» indopacífico.

«Patata de mar» sin las púas.

«Patata de mar» con sus púas.

La «patata de mar», o erizo «de corazón», está adaptada, igual que los «dólares de la arena», a vivir en entorno arenoso, pero suele cavar hoyos más hondos de hasta 20 cm. Este animal tiene pies tubulares modificados muy largos, que puede extender para capturar alimento en la superficie de la arena.

Erizo «de corazón» en su hoyo.

Pies tubulares

«Dólares de la arena» de punta de flecha.

Animales acorazados

Así como muchos seres vivos han desarrollado unas cubiertas externas que podemos llamar caparazones para proteger sus partes blandas internas, un grupo ha segregado una envoltura mucho más dura y pesada. Este amplio grupo es el de los *crustáceos,* compuesto por más de 30.000 tipos, entre los que están los bogavantes y langostas, los centollos y los cangrejos de mar y de río. Muchos de los crustáceos tienen conchas segmentadas que van imbricadas, algo así como las armaduras de los caballeros medievales. Hasta hace poco, se creía que los crustáceos pertenecían al grupo de los *artrópodos,* el más numeroso de los seres vivos, en el que se incluyen todos los variados tipos de insectos. Hoy día, la mayoría de los especialistas consideran que los crustáceos han evolucionado de forma independiente desde hace millones de años, aunque haya muchas semejanzas entre ambos grupos, como son los cuerpos segmentados, los miembros articulados y el esqueleto externo duro, o caparazón, que mudan de vez en cuando según va creciendo el animal.

El bogavante, además de inspirar a los *gourmets,* también ha inspirado a los artistas. Este pormenor es de una pintura del siglo XVII, *Bodegón con bogavante,* de Joris Van Son.

Aleta caudal o *telson.*

Abdomen dividido en seis segmentos o *metámeros.*

Debido a la forma en que están dispuestos los segmentos de su cuerpo, el bogavante sólo puede nadar hacia atrás o hacia delante: no puede realizar giros. Los metámeros de su concha están hechos de una proteína llamada *quitina,* reforzada con depósitos de calcio. Los segmentos son mucho más delgados en las juntas, para permitir movimiento al animal. Para crecer, el bogavante tiene que desprenderse de su cubierta y segregar otra. Esto le hace sumamente vulnerable a sus predadores, y por ello se esconde prudentemente hasta que el nuevo caparazón se ha endurecido.

Al igual que los bogavantes, los caballeros del pasado prescindían de cierta flexibilidad a cambio de la buena protección de su armadura.

Primera pata o quelícero

Muchos crustáceos tienen un cuerpo segmentado (o articulado) en alguna época de su vida: los bogavantes, langostas, gambas y afines muestran esa segmentación claramente en su edad adulta. Los cuerpos de esos animales están formados por una serie de anillos imbricados y con engarces. En los bogavantes hay 19 anillos o metámeros. La punta de la cabeza y la aleta caudal no se consideran tales, porque no tienen verdaderos engarces.

Caparazón

Anténula

Ojo

Antena

Maxilípedo

Mandíbula móvil de la pinza.

Patas ambulatorias

Mandíbula fija.

Caparazones de diez patas

LOS CRUSTÁCEOS MÁS CONOCIDOS quizás sean los cangrejos, nécoras y centollos, los bogavantes, langostas y cigalas, y las gambas y camarones. Todos tienen caparazones articulados y diez patas, por las que se les da el nombre colectivo de *decápodos*. Pero, dentro de los crustáceos, hay tanta variedad que resulta imposible encontrar una característica común a todos los animales del grupo que los separe de los demás seres vivos. Del grupo forman parte tanto las minúsculas «pulgas de agua» que suelen vivir en agua dulce, como los *ostrácodos* con sus luminosos cuerpos (pág. 54); los *copépodos* parásitos y semejantes a las lapas, llamados también «piojillos de mar», que se adhieren firmemente a sus anfitriones; y hasta los percebes, fuertemente acorazados. Muchos de esos seres son microscópicos y forman parte del *plancton*, esto es, la masa viva de los océanos arrastrada por las corrientes. El plancton se forma en cantidades ingentes en los océanos, y es parte esencial de la «cadena alimenticia» del mar, ya que sirve de sustento a animales de muy diverso tamaño, desde diminutos moluscos hasta las voluminosas ballenas.

Las larvas de cangrejo de mar, como la que arriba vemos, nadan libremente. Al salir del huevo, tienen menos de 1 mm. de largo, y más parecen un mosquito que un cangrejo.

Gran pinza utilizada para intimidar al adversario.

Este cangrejo recibe el nombre de «violinista» porque las pinzas del macho recuerdan un arco y un violín; vive en cuevas arenosas, o en arenas cenagosas.

Pinzas utilizadas tanto para captura y sujeción como para defensa.

Grabado del siglo pasado en el que se ve una escena de pesca de crustáceos en una playa.

La pesca de cangrejos, bogavantes y similares no tiene más secretos que disponer de trampas y esperar. Las nasas para centollos o bogavantes suelen tener dos orificios que forman embudo hacia el centro del cesto. Los crustáceos, atraídos por el cebo, se desplazan hacia dentro, y luego no pueden salir, no quedándoles otra posibilidad que aguardar su triste sino.

Lo mismo que los demás crustáceos, los cangrejos tienen que mudar de caparazón para seguir creciendo. En la época de la muda, aparecen grietas en la concha, y las partes blandas del animal asoman por ellas, empujando gradualmente para deshacerse de la concha antigua. Los pescadores los llaman entonces cangrejos «de muda» y, cuando los capturan, los conservan en recipientes hasta que hayan acabado de mudar, para poder venderlos como de «concha blanda», que son bocado de rey para los aficionados. Los cangrejos recién mudados se suelen comer sus conchas viejas, como hace este cangrejo terrestre de la derecha.

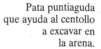
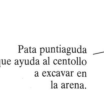

Pata puntiaguda que ayuda al centollo a excavar en la arena.

Largas patas
para andar.

A diferencia de
otros cangrejos,
el centollo puede
caminar en diagonal
y de lado.

Debido a sus largas patas y pequeños
cuerpos, no es de extrañar que a los
centollos se los llame «arañas de mar»
en algunas partes del mundo (véase
página 55). El centollo es uno de los
mayores cangrejos europeos, y se le
captura para comerlo. En otros
muchos mares del planeta hay
cangrejos similares: sólo las costas
australianas presumen de unas cien
especies diferentes. A pesar de ser tan
zanquilargos, los centollos son
perezosos y se dejan capturar
fácilmente.

Caparazón
espinoso.

Incapaces de moverse, como lo hacen sus parientes los
cangrejos y bogavantes, los percebes dependen de las
aguas que los rodean para su subsistencia. Se alimentan
desplegando sus largas y plumosas patas, y «peinando»
el agua en busca de diminutas partículas nutritivas.

Continúa en la página siguiente

Viene de la página anterior

Falso centollo

Los pescadores que
faenan en las costas del noroeste de América
capturan con frecuencia el robusto falso centollo,
que habita en los lechos cenagosos a más de 500 m.
de profundidad. Los machos suelen ser mayores
que las hembras.

El perfil
irregular sirve
de camuflaje.

Pico o
rostrum.

Aunque los mares de
la Antártida tienen escasa vida
en su superficie, a cierta profundidad se da una rica y
variada vida animal, de la cual forman parte
muchos crustáceos. El *isópodo* antártico es un
crustáceo primitivo que vive en aguas profundas
por debajo de los hielos. Muchos isópodos son pequeños,
pero algunos alcanzan más
de 35 cm. de largo.

Isópodo
antártico.

Isópodo
antártico
vivo.

Igual que el falso centollo,
este cangrejo «tortuga» o «paraguas» vive en alta mar a lo
largo de la costa nororiental americana, y es especialmente
frecuente en las costas frías de la Columbia Británica
(Canadá). Su silueta y color le ayudan a pasar inadvertido en
el fondo marino donde habita y se alimenta. Es capaz
de quedarse completamente inmóvil cuando se acercan
sus predadores.

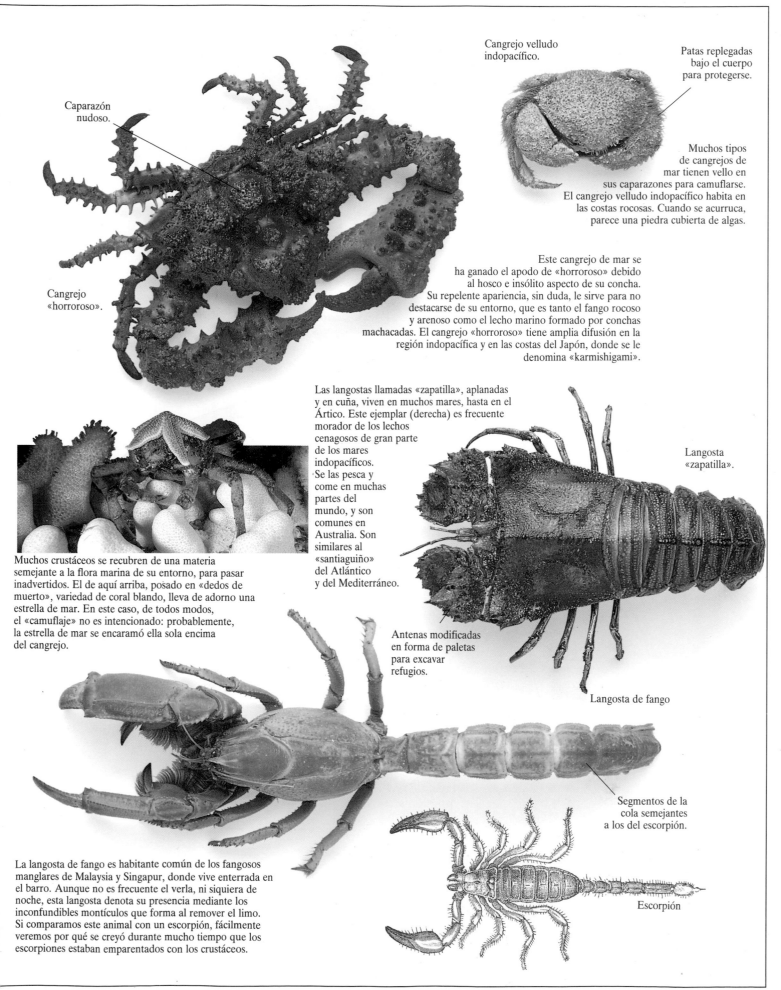

Caparazón
nudoso.

Cangrejo
«horroroso».

Cangrejo velludo
indopacífico.

Patas replegadas
bajo el cuerpo
para protegerse.

Muchos tipos
de cangrejos de
mar tienen vello en
sus caparazones para camuflarse.
El cangrejo velludo indopacífico habita en
las costas rocosas. Cuando se acurruca,
parece una piedra cubierta de algas.

Este cangrejo de mar se
ha ganado el apodo de «horroroso» debido
al hosco e insólito aspecto de su concha.
Su repelente apariencia, sin duda, le sirve para no
destacarse de su entorno, que es tanto el fango rocoso
y arenoso como el lecho marino formado por conchas
machacadas. El cangrejo «horroroso» tiene amplia difusión en la
región indopacífica y en las costas del Japón, donde se le
denomina «karmishigami».

Las langostas llamadas «zapatilla», aplanadas
y en cuña, viven en muchos mares, hasta en el
Ártico. Este ejemplar (derecha) es frecuente
morador de los lechos
cenagosos de gran parte
de los mares
indopacíficos.
Se las pesca y
come en muchas
partes del
mundo, y son
comunes en
Australia. Son
similares al
«santiaguiño»
del Atlántico
y del Mediterráneo.

Langosta
«zapatilla».

Muchos crustáceos se recubren de una materia
semejante a la flora marina de su entorno, para pasar
inadvertidos. El de aquí arriba, posado en «dedos de
muerto», variedad de coral blando, lleva de adorno una
estrella de mar. En este caso, de todos modos,
el «camuflaje» no es intencionado: probablemente,
la estrella de mar se encaramó ella sola encima
del cangrejo.

Antenas modificadas
en forma de paletas
para excavar
refugios.

Langosta de fango

Segmentos de la
cola semejantes
a los del escorpión.

La langosta de fango es habitante común de los fangosos
manglares de Malaysia y Singapur, donde vive enterrada en
el barro. Aunque no es frecuente el verla, ni siquiera de
noche, esta langosta denota su presencia mediante los
inconfundibles montículos que forma al remover el limo.
Si comparamos este animal con un escorpión, fácilmente
veremos por qué se creyó durante mucho tiempo que los
escorpiones estaban emparentados con los crustáceos.

Escorpión

Tortugas de mar, de agua dulce y de tierra

LOS TRES TIPOS principales de tortugas forman una antigua familia estrechamente unida que lleva viviendo en nuestro planeta desde la época de los dinosaurios. Las tortugas, al ser reptiles, son vertebrados como nosotros, pero son únicas en el reino animal por el hecho de poseer una sólida concha externa y un esqueleto interno. También son seres «de sangre fría», porque no pueden mantener por sí solas la temperatura del cuerpo; pero pueden aumentarla tomando el sol. Muchas de las tortugas silvestres tienden a vivir en las partes más cálidas del globo. Asimismo se las puede encontrar en regiones frías, pero entonces necesitan hibernar durante los meses fríos. Aunque todas se parecen mucho, han evolucionado para acomodarse a los diferentes entornos: las hay marinas, de agua dulce y terrestres, que no suelen nadar. Las de nuestros jardines y estanques se llaman *galápagos* y tortugas *griegas*.

Las tortugas terrestres son famosas por la lentitud de sus movimientos; pero, según nos cuenta la célebre fábula de *La liebre y la tortuga*, la perseverancia es más importante que la velocidad. No obstante su lentitud, la tortuga se las ha arreglado para sobrevivir en la tierra con escasas variaciones desde hace más de 250 millones de años, confiando principalmente en su dura concha para protegerse.

Tortuga almizclada.

Tortuga de orejas rojas.

Tortuga pintada.

Las tortugas de agua dulce pueden verse con frecuencia tomando el sol en las piedras de las orillas de los ríos. Suelen ser de menor tamaño que las terrestres o las marinas, y más de una persona se las lleva a casa en un recipiente con agua para que sirvan de entrañable animalillo doméstico.

Las islas Galápagos (Pacífico) recibieron ese nombre de los navegantes españoles del siglo XVI que allí descubrieron tortugas terrestres gigantes que aún perviven, y llegan a 1,5 m. de longitud.

Pata con garra

Los escudos, o escamas, cubren el caparazón óseo.

La tortuga terrestre acorazada tiene un caparazón característico, en forma de cúpula, en la cara superior, y una placa ósea, llamada *peto*, en la inferior. Esa concha protege la mayoría de los tejidos blandos del animal, que puede replegar rápidamente sus patas y cabeza dentro de la concha cuando le amenaza un peligro. La tortuga terrestre no tiene dientes, pero puede asestar dolorosos mordiscos con sus vigorosas mandíbulas y el agudo y córneo tejido que las rodea, como el pico de un ave.

Peto

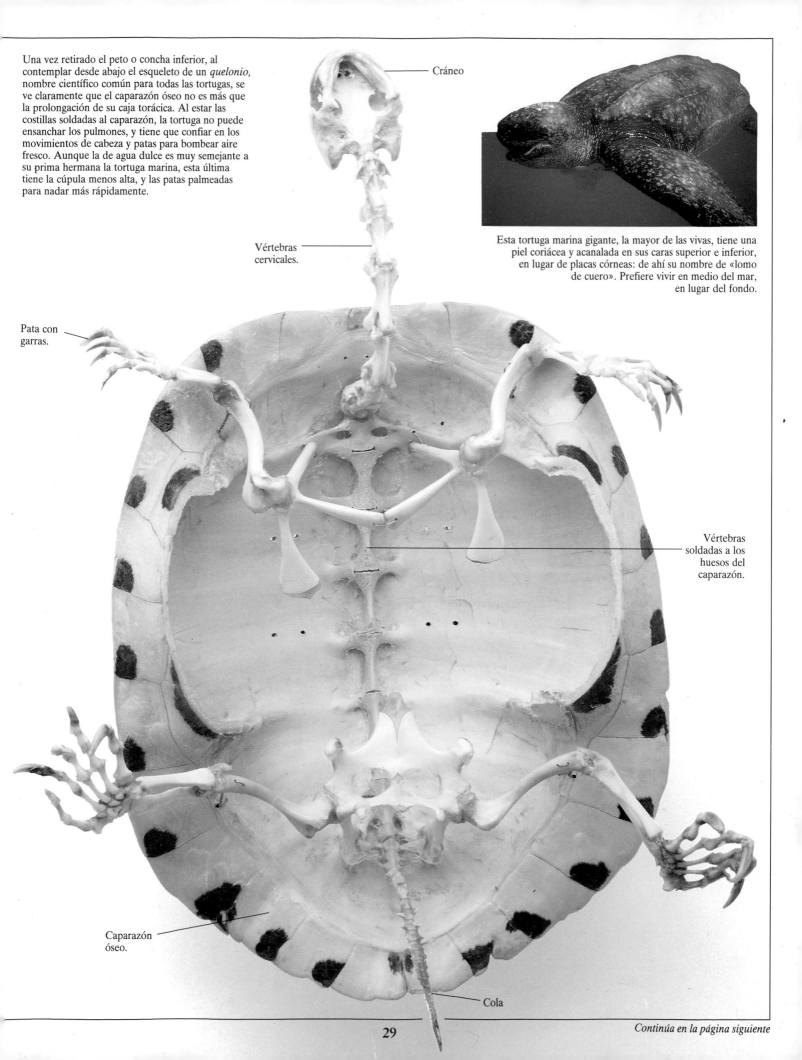

Una vez retirado el peto o concha inferior, al contemplar desde abajo el esqueleto de un *quelonio*, nombre científico común para todas las tortugas, se ve claramente que el caparazón óseo no es más que la prolongación de su caja torácica. Al estar las costillas soldadas al caparazón, la tortuga no puede ensanchar los pulmones, y tiene que confiar en los movimientos de cabeza y patas para bombear aire fresco. Aunque la de agua dulce es muy semejante a su prima hermana la tortuga marina, esta última tiene la cúpula menos alta, y las patas palmeadas para nadar más rápidamente.

Cráneo

Vértebras cervicales.

Esta tortuga marina gigante, la mayor de las vivas, tiene una piel coriácea y acanalada en sus caras superior e inferior, en lugar de placas córneas: de ahí su nombre de «lomo de cuero». Prefiere vivir en medio del mar, en lugar del fondo.

Pata con garras.

Vértebras soldadas a los huesos del caparazón.

Caparazón óseo.

Cola

29

Continúa en la página siguiente

Los dibujos de las conchas

Hay más de doscientos tipos diferentes de tortugas; pero, aunque la estructura de la concha es esencialmente idéntica en la mayoría de los animales del grupo, el rayado y color de las escamas óseas que forman el caparazón son a menudo muy característicos, y nos brindan medios útiles para la identificación. Como sucede en muchos seres vivos, los ejemplares jóvenes tienen colores diferentes de los de los adultos.

En *Alicia en el País de las Maravillas*, la protagonista se encuentra en sus viajes con muchas criaturas extrañas, una de las cuales es la melancólica Tortuga Artificial. Animada por el Grifón, la Tortuga enseña a Alicia a bailar la célebre «Cuadrilla de la Langosta», y se lamenta lacrimosamente de no ser una verdadera tortuga. Eso le lleva a cantar la «Sopa de Tortuga», triste presagio de que sus días están contados.

Caparazón de tortuga leopardo joven.

Caparazón de tortuga leopardo muy joven.

La tortuga leopardo debe su nombre al moteado oscuro de su abovedada concha. Los ejemplares jóvenes (arriba e izquierda) no han desarrollado todavía el característico diseño visible en el adulto (extremo izquierda). Aunque se halla ampliamente difundida por el continente africano, la tortuga leopardo, que es terrestre, prefiere las regiones de sabanas y bosques, donde se alimenta de variadas plantas.

Como si el peso de su enorme concha no fuera suficiente, esta tortuga terrestre gigante lleva además la carga de Lord Rothschild, el famoso naturalista del siglo pasado. Las tortugas gigantes fueron estudiadas por Charles Darwin en su viaje a las islas de los Galápagos y desde entonces han fascinado a los naturalistas. Lord Rothschild sintió mucha atracción por esos perezosos animales y dejó muchas en su museo de Tring (Inglaterra).

El color principal del caparazón es el acaramelado.

Caparazón de tortuga leopardo adulta.

En el siglo XIX y comienzos del XX, era muy elegante poseer objetos confeccionados con concha de tortuga; los más hermosos eran los de carey.

Peineta victoriana de carey.

Cajita de carey de los años 20.

Impertinentes victorianos de carey.

Las tortugas *carey* son excelentes nadadoras, ya que sus conchas aplanadas y sus patas en forma de paleta les facilitan el deslizarse suavemente en el agua. Las tortugas marinas van a tierra firme a poner huevos y, allí, son más lentas que las terrestres.

Recias placas solapadas.

Caparazón de tortuga carey.

De todas las tortugas marinas, una de la más conocidas es la llamada *carey*. Se la capturaba en tiempos por su hermosa concha (arriba); ahora figura en la lista oficial de especies amenazadas, y su importación está prohibida en muchos países. Se la puede ver en muchos mares cálidos del globo, y se alimenta de moluscos y crustáceos.

Cómo crece una concha

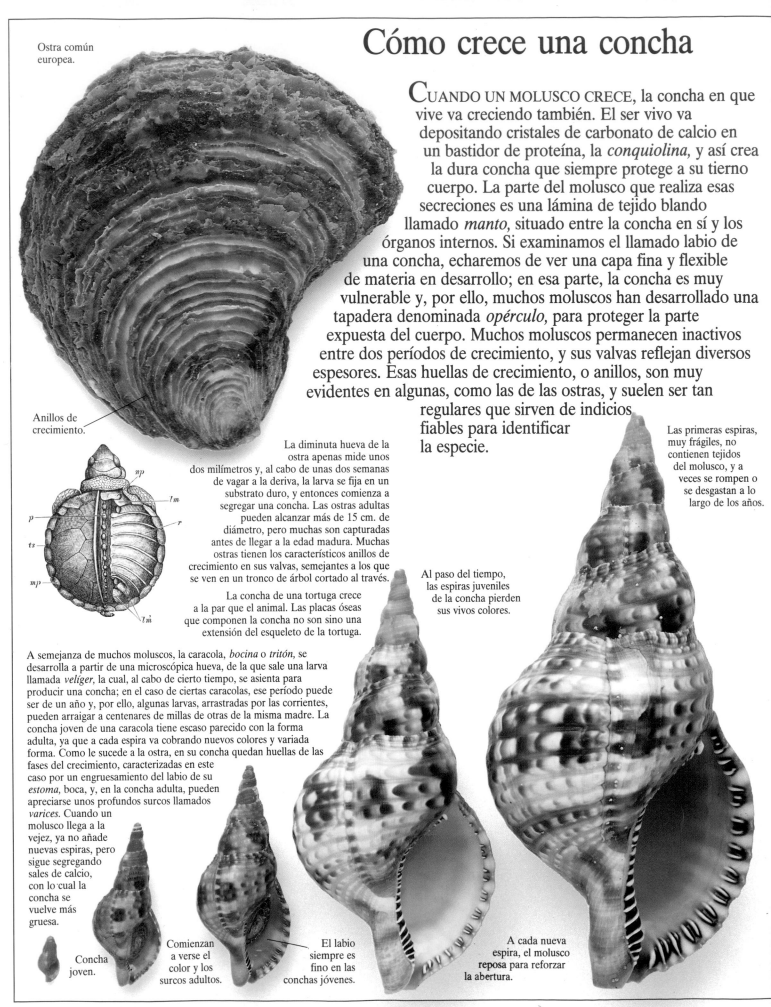

Ostra común europea.

Anillos de crecimiento.

CUANDO UN MOLUSCO CRECE, la concha en que vive va creciendo también. El ser vivo va depositando cristales de carbonato de calcio en un bastidor de proteína, la *conquiolina,* y así crea la dura concha que siempre protege a su tierno cuerpo. La parte del molusco que realiza esas secreciones es una lámina de tejido blando llamado *manto,* situado entre la concha en sí y los órganos internos. Si examinamos el llamado labio de una concha, echaremos de ver una capa fina y flexible de materia en desarrollo; en esa parte, la concha es muy vulnerable y, por ello, muchos moluscos han desarrollado una tapadera denominada *opérculo,* para proteger la parte expuesta del cuerpo. Muchos moluscos permanecen inactivos entre dos períodos de crecimiento, y sus valvas reflejan diversos espesores. Esas huellas de crecimiento, o anillos, son muy evidentes en algunas, como las de las ostras, y suelen ser tan regulares que sirven de indicios fiables para identificar la especie.

La diminuta hueva de la ostra apenas mide unos dos milímetros y, al cabo de unas dos semanas de vagar a la deriva, la larva se fija en un substrato duro, y entonces comienza a segregar una concha. Las ostras adultas pueden alcanzar más de 15 cm. de diámetro, pero muchas son capturadas antes de llegar a la edad madura. Muchas ostras tienen los característicos anillos de crecimiento en sus valvas, semejantes a los que se ven en un tronco de árbol cortado al través.

La concha de una tortuga crece a la par que el animal. Las placas óseas que componen la concha no son sino una extensión del esqueleto de la tortuga.

Las primeras espiras, muy frágiles, no contienen tejidos del molusco, y a veces se rompen o se desgastan a lo largo de los años.

Al paso del tiempo, las espiras juveniles de la concha pierden sus vivos colores.

A semejanza de muchos moluscos, la caracola, *bocina* o *tritón,* se desarrolla a partir de una microscópica hueva, de la que sale una larva llamada *velíger,* la cual, al cabo de cierto tiempo, se asienta para producir una concha; en el caso de ciertas caracolas, ese período puede ser de un año y, por ello, algunas larvas, arrastradas por las corrientes, pueden arraigar a centenares de millas de otras de la misma madre. La concha joven de una caracola tiene escaso parecido con la forma adulta, ya que a cada espira va cobrando nuevos colores y variada forma. Como le sucede a la ostra, en su concha quedan huellas de las fases del crecimiento, caracterizadas en este caso por un engrosamiento del labio de su *estoma,* boca, y, en la concha adulta, pueden apreciarse unos profundos surcos llamados *varices.* Cuando un molusco llega a la vejez, ya no añade nuevas espiras, pero sigue segregando sales de calcio, con lo cual la concha se vuelve más gruesa.

Concha joven.

Comienzan a verse el color y los surcos adultos.

El labio siempre es fino en las conchas jóvenes.

A cada nueva espira, el molusco **reposa para reforzar la abertura.**

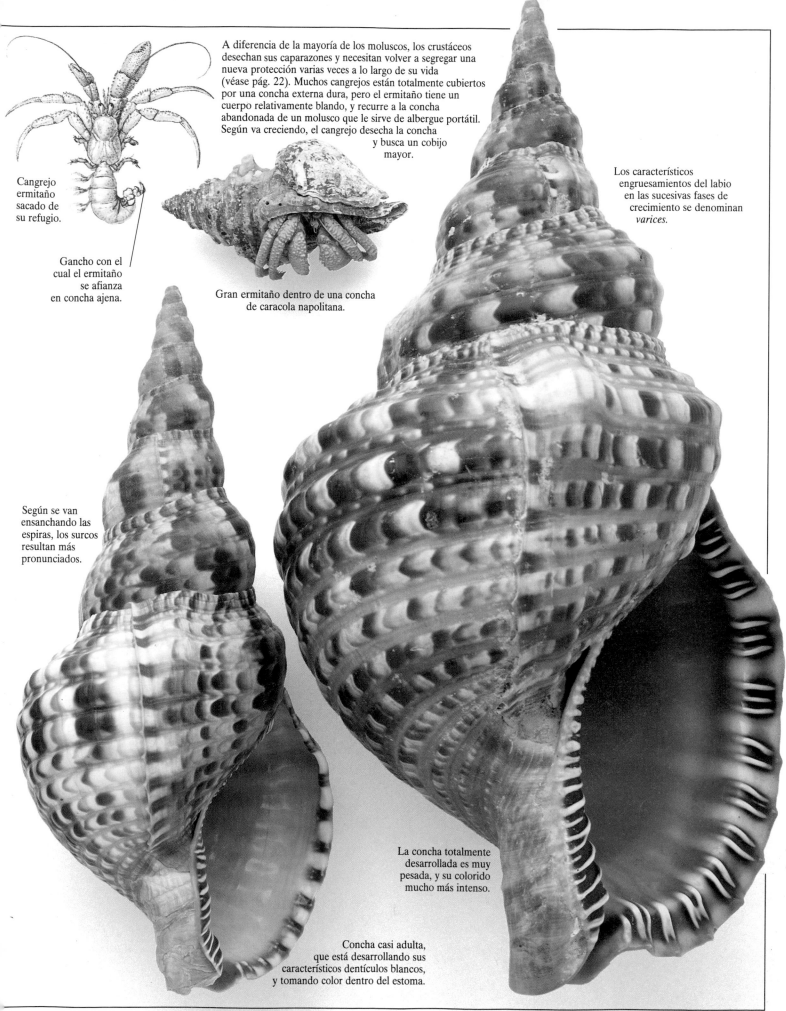

Cangrejo
ermitaño
sacado de
su refugio.

A diferencia de la mayoría de los moluscos, los crustáceos
desechan sus caparazones y necesitan volver a segregar una
nueva protección varias veces a lo largo de su vida
(véase pág. 22). Muchos cangrejos están totalmente cubiertos
por una concha externa dura, pero el ermitaño tiene un
cuerpo relativamente blando, y recurre a la concha
abandonada de un molusco que le sirve de albergue portátil.
Según va creciendo, el cangrejo desecha la concha
y busca un cobijo
mayor.

Gancho con el
cual el ermitaño
se afianza
en concha ajena.

Gran ermitaño dentro de una concha
de caracola napolitana.

Los característicos
engruesamientos del labio
en las sucesivas fases de
crecimiento se denominan
varices.

Según se van
ensanchando las
espiras, los surcos
resultan más
pronunciados.

La concha totalmente
desarrollada es muy
pesada, y su colorido
mucho más intenso.

Concha casi adulta,
que está desarrollando sus
característicos dentículos blancos,
y tomando color dentro del estoma.

Conchas para la mesa

COMO FUENTE DE ALIMENTACIÓN, el mar brinda un menú increíblemente variado. Aparte del pescado común, en todo el planeta se comen bogavantes y langostas, gambas y cigalas, nécoras y centollos, erizos de mar y otros muchos moluscos. Muchas personas que viven cerca del mar basan su supervivencia casi por entero en los productos marinos, y lo cierto es que son gente, por lo general, de muy buena salud, ya que muchos frutos del mar son ricos en proteínas aunque pobres en calorías. Resulta un tanto sorprendente que más de una persona hace gestos de rechazo cuando le ofrecen un delicado plato de caracoles franceses, mientras que se siente tan satisfecha comiendo calamares en su tinta o espaguetis a la marinera, con chirlas. Los bivalvos son los más conocidos de los moluscos; en todo el mundo se da alguna variedad de ostras, almejas, vieiras, berberechos y mejillones, y diversos tipos de esas especies se cultivan en criaderos exclusivamente para el consumo humano. También son muy populares algunos gasterópodos: en determinadas partes de Norteamérica, Japón y Australia se comen orejas de mar como si fueran solomillos, igual que se hace en el Caribe con las volandeiras. En Europa, la caracola, o *bocina*, se captura mucho con fines comerciales. Para el coleccionista de conchas, la lonja de pescado suele ser el lugar idóneo para procurarse las especies locales, sobre todo en las regiones tropicales.

En *Alicia a través del espejo*, de Lewis Carroll, la Morsa y el Carpintero invitan a unas ostras jóvenes a dar una vuelta por la playa, y luego se las comen con pan y mantequilla...

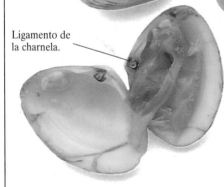

Ligamento de la charnela.

Profusamente utilizadas en sopas y salsas, estas almejas, menudas pero abundantes, se dan en gran cantidad en los mares del norte de Europa. Sus primas hermanas americanas, mucho mayores pero de concha muy semejante, llamadas pechinas, son una gran fuente de alimentación: de ellas se capturan unos 20 millones de kilos al año entre Nueva Escocia (Canadá) y Carolina del Norte (USA).

Con su largo y afilado pico, el ostrero está bien equipado para extraer bivalvos de la arena.

La ostra es el molusco comestible más conocido: cada océano tiene sus variedades propias, algunas de doble tamaño que estas ostras portuguesas. El método tradicional de comerlas, es abrirlas y sorber el animal entero, directamente de la concha, crudo, rociado de limón y con todos sus jugos. Antiguamente, no era raro ver vendedores callejeros que ofrecían ostras vivas para consumir en el acto.

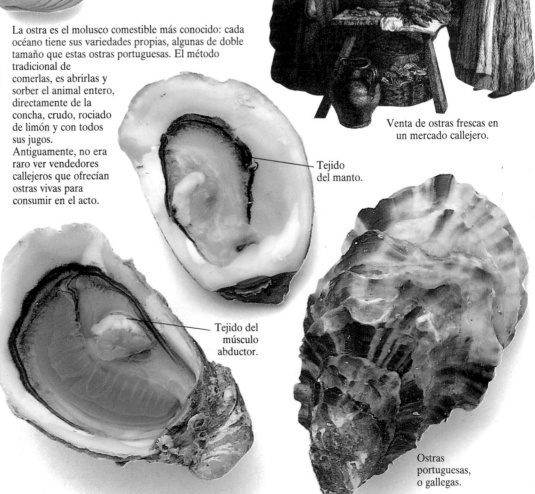

Venta de ostras frescas en un mercado callejero.

Tejido del manto.

Tejido del músculo abductor.

Ostras portuguesas, o gallegas.

Berberecho común.

Charnela

Pie

Agallas

Sifón exhalante.

Sifón inhalante.

El pequeño cuerpo de un berberecho está compuesto de los mismos elementos que los moluscos de mayor tamaño. Igual que otros muchos frutos del mar, los berberechos saben mejor crudos y con limón, pero también se toman hervidos y los hay conservados en latas o frascos. El proceso de conservación preserva la carne y evita la descomposición.

Los mejillones, que se encuentran fácilmente en mercados y pescaderías, pueden cocerse y servirse, con la concha abierta, con variedad de salsas, o emplearlos para hacer sopas o arroces; el plato más popular quizás sea el francés *à la marinière*. En Europa y América, los mejillones más comunes son normalmente de un negro azulado; pero la variedad neozelandesa verde que aquí vemos se exporta a todo el mundo.

Músculo abductor.

Ligamento de la charnela.

Mejillón de Nueva Zelanda.

Los cirros, o moñas filamentosas, aferran la concha a una base sólida.

Los moluscos son una fuente importante de alimentación para muchos seres, aparte de los humanos. La nutria marina de California remolca orejas de mar y otros moluscos desde sus moradas submarinas a la superficie y, tumbada en el agua, utiliza una piedra para abrir o cascar las conchas.

La característica forma de la concha de la vieira brinda un plato natural para servir la carne del molusco. La *vieira* tiene la valva superior plana, y la inferior cóncava, que es la que sirve de plato; la *zamburiña*, en cambio, tiene las dos valvas abombadas. En Europa se suele comer el cuerpo entero del molusco, mientras que en América, sólo el músculo blanquecino.

Tejido muscular blanquecino.

Valva inferior cóncava.

Valva con el molusco.

Ha nacido una perla

LOS HOMBRES tienen gran estima por las perlas, si bien éstas se originan por una molestia causada a los animalillos que las hacen. Si un cuerpo extraño, arenilla o huevo de parásito, se aloja entre el manto y la concha de un molusco, el animal recubrirá el objeto con capas de una materia llamada *nácar*, y creará la perla. Si el molusco es una ostra perlífera o *madreperla,* cuya concha es por dentro iridiscente, las perlas que forme serán tan lustrosas y hermosas como la cara interior de la concha. Todos los moluscos son capaces de producir perlas, pero los bivalvos tienen mayor disposición para ello, ya que suelen vivir en postura fija y no pueden salirse de sus valvas para desprenderse del cuerpo intruso. Las perlas formadas de modo natural son sumamente escasas, pero ya a comienzos de este siglo perfeccionaron los japoneses un método para cultivar perlas artificiales, gracias al cual se dan piezas de precio más asequible. Insertando un núcleo artificial en una ostra viva en un criadero, se tiene la garantía de que al cabo de tres a cinco años se conseguirá una perla «cultivada» de buen tamaño. La industria perlera ha cobrado tal extensión, que al año se producen unos quinientos millones de perlas.

Aunque los japoneses tienen el mérito de haber perfeccionado el método del cultivo de perlas, los chinos ya habían descubierto el proceso de su obtención artificial, y le practicaron, más de 700 años antes. En un tipo de mejillones de agua dulce, insertaban minúsculas figurillas de Buda, de barro, y al cabo de un año abrían las conchas y de allí sacaban las figurillas perfectamente nacaradas. Se han conservado algunos mejillones con sus diminutos Budas que, en su origen, se destinaban a ser usados de valiosos dijes.

Una perla de forma abombada que se desarrolla adherida a la superficie interna de la concha de una ostra, se denomina «perla de verruga». Son muy comunes y de escaso valor comercial y, por lo general, se destinan a fines meramente decorativos. Estas perlas suelen revelar la naturaleza del objeto empotrado en la concha, que puede ser un cangrejillo o un pececillo minúsculos.

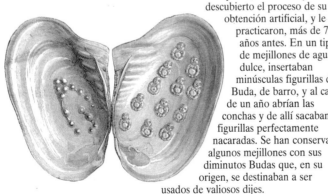

También las ostras pequeñas pueden producir perlas medianamente grandes, aunque, cuanto más vieja y mayor sea la concha, más probabilidades habrá de que contenga una perla de buen tamaño. Este tipo de ostra puede llegar a los 20 cm., y es común en la región indopacífica, así como en el Mediterráneo oriental, donde ha penetrado a través del canal de Suez.

Perlas de agua dulce.

Antes de que llegasen las perlas cultivadas, las joyas confeccionadas con las naturales eran tremendamente caras y, por tanto, constituían un símbolo de gran riqueza y elevada posición social. La reina Mary de Inglaterra fue célebre por los largos collares de perlas que llevaba.

Nácar

Perlas azules

Ostra de labio negro.

Detalle de un grabado francés del siglo XVII titulado *Pesca de perlas*.

Antes de que los equipos de buceo fueran de uso común, los pescadores de perlas tenían que ser excelentes nadadores. En Japón, hay mujeres llamadas *amas* que siguen buceando hasta los 12 m. sin aparato para respirar con el fin de cosechar ostras perlíferas. La recogida de ostras a la ventura por si tienen perlas no es rentable en absoluto, ya que ni siquiera una ostra de cada mil contiene una perla aprovechable.

Perlas blancas

Perlas negras

Hay perlas de todas las formas y tamaños: la mayor del mundo tiene 41 mm. de diámetro. Las perlas se clasifican por tamaños del 1 al 10 mediante cribas sucesivas: las todavía menores se denominan *aljófar*. La forma también varía mucho; las más conocidas son perfectamente esféricas, pero las hay en forma de lágrima, y otras. Existen perlas azules, negras y hasta amarillas, más cotizadas porque abundan menos que las blancas. El color depende de la naturaleza de la concha que las creó y de los pigmentos segregados junto con el nácar.

Los tradicionales «trajes de fiesta» que llevan los vendedores callejeros del East End (barrio de Londres) son prendas cuajadas de adornos hechos con botones de nácar. La costumbre se remonta a la invasión de Gran Bretaña por los romanos: entonces, algunos britanos «primitivos» ya llevaban atuendos con conchas.

Perla

Aunque no sea tan atractiva como una perla de ostra, y por ello menos valiosa, esta perla segregada por un almejón europeo es rarísima. Algunas perlas procedentes de conchas que no sean ostras pueden alcanzar mucho valor: por ejemplo, el *tonel cepa* de las Antillas las produce rosadas, y los collares hechos con ellas pueden valer millares de libras esterlinas.

Hallazgos fósiles

«Dólar de la arena» fosilizado, de Florida (USA).

Podemos darnos por contentos por lo fácil que resulta reconstruir la historia de los animales con concha a través de muchos millones de años. Aunque las partes blandas de un animal se pudren rápidamente cuando se muere, las conchas se conservan perfectamente durante mucho tiempo, y se las encuentra a menudo en forma de *fósil* (restos de una concha vacía que se ha pretificado a lo largo de millones de años, o «vaciados» exactos de una concha desaparecida hace tiempo). Los fósiles demuestran que determinada especie ha cambiado con el paso del tiempo; en muchos casos, los animales han evolucionado con el fin de adaptarse a cambios en su medio ambiente, como pueden ser las variaciones en la temperatura o en los recursos alimenticios. Algunos animales han permanecido inalterables, probablemente porque se hallan en un lugar idóneo y en perfecta armonía con el ambiente que los rodea.

La cabeza tentacular emergería probablemente de aquí.

Amonita fósil, de Dorset (Inglaterra).

«Piedra serpiente», falsificación hecha con una amonita.

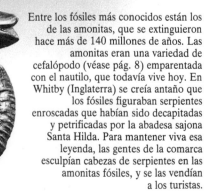

Entre los fósiles más conocidos están los de las amonitas, que se extinguieron hace más de 140 millones de años. Las amonitas eran una variedad de cefalópodo (véase pág. 8) emparentada con el nautilo, que todavía vive hoy. En Whitby (Inglaterra) se creía antaño que los fósiles figuraban serpientes enroscadas que habían sido decapitadas y petrificadas por la abadesa sajona Santa Hilda. Para mantener viva esa leyenda, las gentes de la comarca esculpían cabezas de serpientes en las amonitas fósiles, y se las vendían a los turistas.

Trilobites sin enroscar.

Trilobites fósil enroscado.

Los trilobites eran otros animalillos comunes que se extinguieron hace unos 248 millones de años. Eran seres marinos emparentados con los crustáceos que hoy abundan en nuestros mares. Igual que los bogavantes y cangrejos, los trilobites mudaban de caparazón, y por ello sus fósiles son muy comunes. Algunos aparecen enroscados en postura defensiva, como hacen las cochinillas de parajes húmedos llamadas «bichos de bola». Se sabe que hubo millares de especies de trilobites: el tipo de mayor tamaño medía unos 70 cm de largo.

Impronta de un trilobites empotrada en la roca.

Conchas «candil»
fósiles.

Conchas «candil»
encastradas en la roca.

Pertenecientes a una
clase peculiar, los
moluscos conocidos
por *braquiópodos*, o
conchas «candil»,
eran en tiempos
sumamente comunes.
El apodo les viene de su semejanza con
algunos tipos de lámparas antiguas de
aceite. Las conchas «candil» se
parecen a los bivalvos, pero nada
tienen que ver con ellos. Las
mediciones de fosilización indican
que vivieron hace unos 600 millones
de años, y todavía se encuentran a
veces «candiles» fósiles en gran
número.

Braquiópodo
moderno.

Caracola napolitana
reciente.

Caracola napolitana
fosilizada.

Un animalillo que ha
estado en perfecta sintonía
con su medio ambiente durante
mucho tiempo es la caracola tritón
napolitana: apenas ha cambiado en
tres millones de años. Aunque ese período no
es muy largo en términos geológicos, otros
muchos tipos similares han desaparecido, lo
cual demuestra que esa caracola ha encontrado
verdaderamente el secreto del éxito.

El hombre lleva habitando
en la tierra muy poco tiempo
en comparación con criaturas como
las conchas; pero, durante millares
de años, ha empleado las conchas vacías
para varios fines. En todas las partes del mundo,
las distintas civilizaciones han utilizado las conchas de
caracola como bocinas para dar avisos a grandes distancias.

Cangrejo «herradura»,
desde abajo.

Espina
caudal.

La conservación de un fósil depende sobre todo de su antigüedad y
del tipo de sedimento en el que se hallaba depositado. Muchos fósiles
están sólidamente empotrados en dura roca, mientras que otros
se encuentran en sustancias más blandas, como la arcilla.
Las conchas que aquí vemos llevaban depositadas sólo un par de
millones de años, y fueron
encontradas en tierra
blanda en un acantilado a
poca distancia del mar.
Están maravillosamente
conservadas, y son tan
delicadas como las
modernas.

Caparazón en
forma de
herradura.

El cangrejo
«herradura» (izquierda),
que vive profusamente en
los mares del noreste de
América, es un «fósil
viviente» que ha permanecido
inalterado durante 300 millones
de años. Es uno de los escasos
supervivientes de un grupo que
floreció hasta hace unos dos millones
de años. Aunque se le llama cangrejo,
está más emparentado con las arañas
que con los crustáceos.

Conchas
fosilizadas
recientemente.

Agujero producido
por un predador.

Una concha para cada lugar

Astutamente oculto en una lechuga marina, este camarón cambia de color para igualar con el de la planta en la que está viviendo. De noche, sin embargo, siempre se vuelve de color azul transparente.

EN EL MUNDO DE LA NATURALEZA, el ser visto o no serlo puede marcar la diferencia entre la muerte y la vida. Cuando un animal se desplaza un nuevo medio ambiente o éste se transforma, los mejor equipados quedan naturalmente seleccionados y sobreviven. Lo hacen mediante cambios graduales, que a veces duran millones de años, y les permiten seguir viviendo en paz. En unos casos, son cambios simplemente en los hábitos; en otros, el animal despliega el arte del camuflaje, de fundirse con su fondo y pasar inadvertido para sus predadores en el hábitat que ha elegido. En el mundo de las conchas, la versatilidad de la Madre Naturaleza se manifiesta de múltiples maneras: hay cangrejos que se cubren con algas, y moluscos que adhieren permanentemente a sus conchas objetos desechados. Asimismo, el color cumple un papel importante en el camuflaje, y existen muchos ejemplares de conchas perfectamente diseñadas para fundirse con su entorno. Algunos moluscos pueden, de hecho, cambiar de color casi al instante, como los camaleones.

Por último, hay conchas que se dejan sencillamente recubrir, ya sea por plantas vivas, o por percebes, o también por depósitos calcáreos.

Concha porteadora con guijarros.

Fragmento de botella «captado» por una concha porteadora.

Latiaxis con incrustaciones de vegetación marina.

Coral sobre el que vive la latiaxis Babel.

Vista inferior de una concha porteadora, con el estoma.

Cara de la abertura de una concha recubierta.

Concha limpiada.

Así como los percebes pueden ser un estorbo cuando se adhieren a las embarcaciones, en cambio le procuran un útil camuflaje al cangrejo de playa (arriba). Si el cangrejo se queda quieto, más parece una piedra que un ser vivo.

Las conchas porteadoras reciben ese nombre porque algunas de ellas son capaces de fijar en su concha, según van creciendo, objetos muy diversos, que van desde conchas muertas y coral hasta guijarros, y a veces fragmentos procedentes de desechos humanos. Suelen vivir en aguas profundas en la mayoría de los mares cálidos del globo.

Cuando están vivas, muchas conchas están recubiertas de incrustaciones marinas que dificultan el localizarlas bajo el agua. A veces, una concha está totalmente cubierta de sarros parecidos al sedimento calizo que aparece en los recipientes de cocina. Los buscadores de moluscos suelen tener dificultad para localizar las conchas latiaxis (izquierda). Viven en el coral, y algunas están tan bien disfrazadas que los buscadores tienen que palpar con las manos para dar con esas conchas en la superficie coralina.

Caracoles en la hierba

Las variaciones de colorido en las conchas de caracoles terrestres suelen parecer infinitas. Los caracoles comunes rayados europeos despliegan una enorme variedad de colorido y forma en su concha, con el fin de sintonizar con su hábitat y protegerse de los predadores.

Las conchas parduzcas sin rayas son más apropiadas para pasar inadvertidas ante los pájaros y otros predadores en la hojarasca muerta de los parajes boscosos. Los caracoles se suelen esconder en el lecho de hojas del sotobosque.

Los caracoles con concha de bandas amarillas suelen vivir en las altas hierbas de las riberas, y así se las arreglan para resultar menos visibles para los predadores.

Desde el aire, la hierba corta tiene una tonalidad uniforme, y las conchas amarillas lisas de los caracoles que viven en el césped son las menos visibles.

En un hayedo, entre el lecho de hojarasca, suelen tener los caracoles conchas muy rayadas. La densidad de las bandas varía según el tipo de lecho en que viven los caracoles.

Colonos de la arena

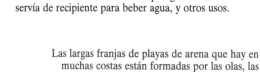

Vieira, concha de peregrino.

A DIFERENCIA DE UNA COSTA ROCOSA o de un arrecife de coral (págs. 46-53), una costa arenosa parece ofrecer menos abrigo a los animalillos con concha. Pero lo cierto es que muchos moluscos de los que encontramos en la arena de la playa, la socavan con el fin de ocultarse, y algunos se pasan la vida entera enterrados muy por debajo de la superficie. Cuando la playa queda libre durante la marea baja, semeja un paraje yermo, estéril: pero, si se la examina con detenimiento, se observarán diversos agujeros, montículos y vestigios, que nos indican la labor de zapa realizada por los animales en busca de las partes que quedan húmedas hasta la siguiente marea. A veces, centenares de animalillos con concha viven en una superficie no mayor que la de esta página.

«Collares»

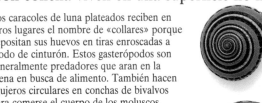

Las *vieiras* se capturan para comer su cuerpo (véase pág. 35); su concha es el símbolo de Santiago, el pescador. Las dos valvas de la concha de peregrino son desiguales, y la inferior, abombada, está enterrada en la arena. A los peregrinos les servía de recipiente para beber agua, y otros usos.

Los caracoles de luna plateados reciben en otros lugares el nombre de «collares» porque depositan sus huevos en tiras enroscadas a modo de cinturón. Estos gasterópodos son generalmente predadores que aran en la arena en busca de alimento. También hacen agujeros circulares en conchas de bivalvos para comerse el cuerpo de los moluscos.

Los gasterópodos llamados *solarios,* y también «concha arquitectónica», tienen unas conchas espirales elegantes, y se los encuentra en las costas tropicales arenosas. Algunas de esas conchas sólo miden unos pocos milímetros de diámetro y viven en aguas muy profundas.

Solarios tropicales.

Las largas franjas de playas de arena que hay en muchas costas están formadas por las olas, las mareas y las corrientes. Las olas y los temporales erosionan los acantilados; y la roca, mezclada con conchas, queda fragmentada en partículas minúsculas. Esta mezcla acaba, con el tiempo, por ser una arena; en la costa, formando una playa y, lejos de ella, un banco de arena o *bajío*.

Estas vistosas conchas de *acteón* excavan en la arena con ayuda de sus cabezas aplanadas a modo de pala. Las conchas de acteón pueden hallarse en muchos mares del planeta; estas dos son de un tipo recientemente descubierto en el golfo Pérsico.

Acteón de Eloísa.

Estas coloridas conchas llamadas *marginelas* aparecen en la arena de las costas de muchos países cálidos. Los ejemplares vacíos deslavazados que se encuentran en las playas no tienen, naturalmente, el lustroso aspecto de las conchas vivas.

Conchas marginelas de África Oriental.

Las conchas «burbuja» y «canoa» son moluscos estrechamente emparentados que se dan en muy variados entornos marinos. Por la superficie del blando cieno, van «toboganeando» en busca de pequeños moluscos que devoran tras estrujarlos con sus poderosos estómagos. Los animales suelen ser varias veces mayores que sus frágiles conchas globosas.

Concha «burbuja».

Concha «canoa».

La mayoría de las conchas recogidas en las playas son de bivalvos. La «rasqueta» *solecurtus* mediterránea y la silicua indopacífica «puesta de sol» son ejemplos típicos de bivalvos que utilizan los músculos para hundirse profundamente en la arena cuando se retira la marea.

Rasqueta solecurtus.

Silicua puesta de sol.

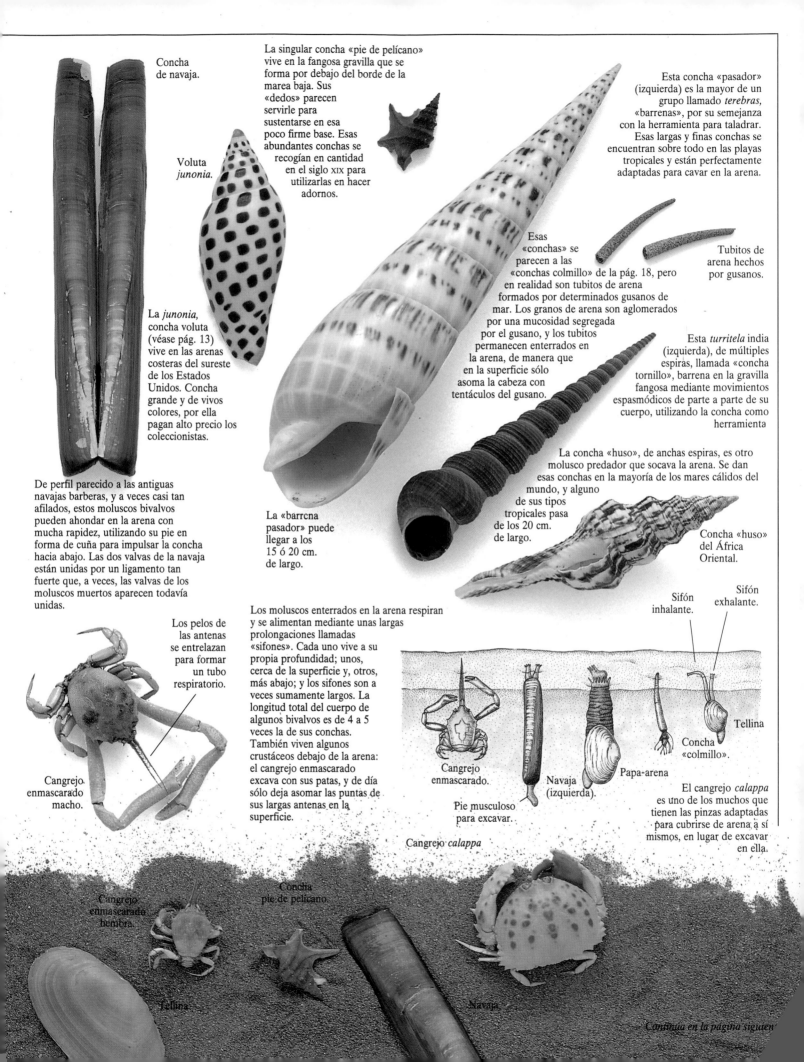

Concha
de navaja.

Voluta
junonia.

La singular concha «pie de pelícano» vive en la fangosa gravilla que se forma por debajo del borde de la marea baja. Sus «dedos» parecen servirle para sustentarse en esa poco firme base. Esas abundantes conchas se recogían en cantidad en el siglo XIX para utilizarlas en hacer adornos.

Esta concha «pasador» (izquierda) es la mayor de un grupo llamado *terebras*, «barrenas», por su semejanza con la herramienta para taladrar. Esas largas y finas conchas se encuentran sobre todo en las playas tropicales y están perfectamente adaptadas para cavar en la arena.

La *junonia*, concha voluta (véase pág. 13) vive en las arenas costeras del sureste de los Estados Unidos. Concha grande y de vivos colores, por ella pagan alto precio los coleccionistas.

Esas «conchas» se parecen a las «conchas colmillo» de la pág. 18, pero en realidad son tubitos de arena formados por determinados gusanos de mar. Los granos de arena son aglomerados por una mucosidad segregada por el gusano, y los tubitos permanecen enterrados en la arena, de manera que en la superficie sólo asoma la cabeza con tentáculos del gusano.

Tubitos de arena hechos por gusanos.

Esta *turritela* india (izquierda), de múltiples espiras, llamada «concha tornillo», barrena en la gravilla fangosa mediante movimientos espasmódicos de parte a parte de su cuerpo, utilizando la concha como herramienta

La concha «huso», de anchas espiras, es otro molusco predador que socava la arena. Se dan esas conchas en la mayoría de los mares cálidos del mundo, y alguno de sus tipos tropicales pasa de los 20 cm. de largo.

De perfil parecido a las antiguas navajas barberas, y a veces casi tan afilados, estos moluscos bivalvos pueden ahondar en la arena con mucha rapidez, utilizando su pie en forma de cuña para impulsar la concha hacia abajo. Las dos valvas de la navaja están unidas por un ligamento tan fuerte que, a veces, las valvas de los moluscos muertos aparecen todavía unidas.

La «barrcna pasador» puede llegar a los 15 ó 20 cm. de largo.

Concha «huso» del África Oriental.

Sifón inhalante.

Sifón exhalante.

Los pelos de las antenas se entrelazan para formar un tubo respiratorio.

Los moluscos enterrados en la arena respiran y se alimentan mediante unas largas prolongaciones llamadas «sifones». Cada uno vive a su propia profundidad; unos, cerca de la superficie y, otros, más abajo; y los sifones son a veces sumamente largos. La longitud total del cuerpo de algunos bivalvos es de 4 a 5 veces la de sus conchas. También viven algunos crustáceos debajo de la arena: el cangrejo enmascarado excava con sus patas, y de día sólo deja asomar las puntas de sus largas antenas en la superficie.

Tellina

Concha «colmillo».

Cangrejo enmascarado macho.

Cangrejo enmascarado.

Navaja (izquierda).

Papa-arena

Pie musculoso para excavar.

El cangrejo *calappa* es uno de los muchos que tienen las pinzas adaptadas para cubrirse de arena a sí mismos, en lugar de excavar en ella.

Cangrejo *calappa*

Cangrejo enmascarado hembra.

Concha pie de pelicano.

Tellina

Navaja

Continúa en la página siguiente

El gran crustáceo *mantis* es imposible de encontrar en la playa, porque generalmente vive en el piso infralitoral. Su delgado y ligero caparazón le permite desplazarse rápidamente por el lecho marino, en busca de presas, que sujeta con sus patas delanteras. En algunas partes del Mediterráneo se le pesca para el consumo, con el nombre de *galera*.

Patas delanteras espinosas.

Si observamos la arena de playa a través de un microscopio, descubriremos las conchas de muchos tipos de seres marinos. Entre las más comunes están los *foraminíferos*, de rara forma y unicelulares, que viven en todas las profundidades oceánicas. Algunas partes del lecho marino están formadas por millones y millones de esas minúsculas conchas.

Stichostega

Helixostega

Entomostega

Las conchas de molusco se dan en todas las formas y tamaños. A veces, la arena está formada casi enteramente por diminutas conchas y fragmentos de ellas. Miniaturas perfectas de las conchas de caracoles que vimos en la página anterior pueden contemplarse en las arenas de muchas playas.

Las gambas y camarones se dan en muchos tipos de entorno marino, y a menudo en gran número. Cuando se las molesta son capaces de impulsarse hacia atrás mediante un raudo movimiento de su aleta caudal en forma de abanico. Los camarones utilizan sus patas y sus largos tentáculos para enterrarse en la arena, dejando fuera sólo su corto par de antenas para detectar la proximidad de una presa.

Antenas

Camarón

Patas ambulatorias.

Gamba

Manchas oscuras parecidas a ojos para desanimar a los predadores que ataquen por detrás.

Apéndices natatorios con forma de paleta.

Abanico caudal.

Hay muchos tipos diferentes de arena, pero todos son subproductos de los agentes atmosféricos y de la erosión por el oleaje. Partículas de roca, conchas rotas, así como esqueletos de peces, cristal y fragmentos de coral, se van depositando en las playas, y son reducidos a finos granos por las olas.

La arena que transforma las tierras secas en desiertos suele estar formada por la erosión del viento en las rocas. Pero hay arenas de desiertos que fueron depositadas por los océanos hace muchos millones de años. La Esfinge y las grandes pirámides de Egipto están construidas de piedra arenisca, que contiene conchas fosilizadas de billones de minúsculos seres marinos denominados *numulitas*.

Arena formada por diminutas conchas y minúsculos fragmentos también de concha.

«Dólar de la arena» con sus púas.

Cangrejo de mar nadador.

Algunos de los cangrejos asentados en las playas han adaptado su quinto par de patas para nadar, en lugar de para andar: el último segmento ha tomado la forma plana y redondeada de una paleta.

Paletas natatorias.

«Galleta de mar» del Caribe.

«Dólar de la arena» filipino.

Larga pinza para capturar presas en grietas profundas.

Centollo

Los erizos de mar comúnmente denominados «dólares de la arena», o «galletas de mar», son moradores típicos de las playas de regiones cálidas, en especial los mares de las Antillas y Australia. El «dólar», cuando está vivo, está recubierto de centenares de finas púas, y vive justo debajo de la superficie de la arena. Su aplanada forma le permite permanecer en su sitio mientras que las aguas pasan suavemente sobre él.

Percebes y tubitos de gusano adheridos al caparazón.

Patas ambulatorias.

El centollo (izquierda) es fácil de reconocer por su espinoso cuerpo, pequeño en comparación con sus largas patas velludas. Su caparazón tiene frecuentemente incrustados otros organismos marinos; sabido es que las crías del centollo se cubren con maleza del fondo y algas para camuflarse. Viven estas «arañas de mar» en las playas infralitorales, y se agrupan para comer en verano, formando tropeles de más de 80 individuos. Los pescadores que andan en busca de los centollos que están medio enterrados en la arena suelen caminar descalzos por la playa y así palpan con los pies la rugosa superficie del caparazón.

La vida en las rocas

LAS COSTAS ROCOSAS ofrecen un hábitat diverso y complejo a muchas clases de seres marinos. Los tipos de roca que rodean una playa, su posición respecto al mar y la altura que alcanzan las mareas, desempeñan un papel determinante en la variedad de los animales que allí viven. La marea puede dejar seca la costa rocosa varias horas al día, y algunos animales han desarrollado una tolerancia para vivir sin agua durante dilatados períodos. Aquellos que no tienen la capacidad de desplazarse a aguas más profundas o a las charcas que la marea deja en bajamar, se secarán y morirán al quedar expuestos al aire y al sol. No son estos dos los únicos elementos a los que están expuestas las rocas litorales: también la fuerza de las poderosas olas las erosionan. Muchos seres que viven en las rocas han segregado conchas muy consistentes para resistir la fuerza del oleaje, y otros muchos han tramado dispositivos para aferrarse firmemente a la superficie pétrea, con la esperanza de no ser barridos por las olas. El fondo marino rocoso brinda hospitalidad a mayor variedad de animales, muchos de los cuales pasan gran parte de sus vidas escondidos en oqueades o, incluso, debajo de las rocas.

La vida puede ser dura en las charcas que deja la marea al retroceder. Muchos animalillos que no necesitan tanta luz y tanto calor se quedan desamparados y tienen que arreglárselas para encontrar cobijo.

Al igual que muchos cangrejos pequeños, éste, llamado «de Bouvier» (izquierda), vive entre las rocas o debajo de ellas, y no sale de allí más que de noche para buscar comida.

Este bivalvo llamado «arca de Noé barbuda», por el fino vello que cubre su concha, se asienta en las grietas de las rocas, fijándose a ellas mediante un amplio cirro (véase a la izquierda). La concha de este molusco está a menudo distorsionada, al crecer encajado en su grieta rocosa.

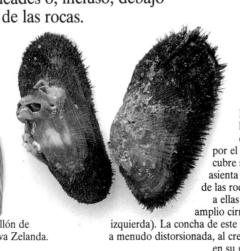

Mejillón de Nueva Zelanda.

Mejillón con las hebras del cirro.

Mejillones azules comunes.

Abanico caudal.

Los mejillones son moradores habituales de los litorales rocosos, y suelen vivir apiñados en copiosas colonias por encima del borde costero. Los mejillones se aferran a las rocas y otras superficies mediante las hebras de su cirro: finos y vigorosos filamentos segregados por el pie del animal.

Opérculo

Esta rugosa astrea vive en las costas rocosas mediterráneas, pero se la encuentra por debajo del nivel de la marea. Muchas veces, la concha tiene flora marina incrustada. Su opérculo rojo brillante suele usarse en joyería.

Estos caracolillos llamados *litorinas* son de los más frecuentes moradores de las rocas costeras. Suelen vivir en el piso supralitoral, pegados a las peñas y matojos de la flora marina.

Antena

Pinza

Cangrejo litoral común.

El cangrejo litoral es uno de los más comunes en Europa, y se le encuentra escondido debajo de las peñas y entre la maleza marina.

El bogavante común es pieza muy apreciada en la mesa y captura favorita de los buceadores. Suelen ser difíciles de distinguir porque se camuflan adaptándose a su entorno, y se esconden a menudo en las hendiduras durante el día, dejando asomar sólo las antenas y las pinzas.

El cangrejo «piedra» mediterráneo se llama así por su caparazón tosco y rugoso.

Patas ambulatorias

Continúa en la página siguiente

Viene de la página anterior

Orificios para la
expulsión de
agua y residuos.

Las orejas de mar, o «zapatitos de la
Virgen», como esta verde californiana,
son muy populares por la forma de su
concha. La hilera de agujeros
les permite expulsar el agua
y los desperdicios. Debido a su
vistosa cara interna iridiscente,
se las utiliza en joyería, y en
ocasiones también se
come el animal (véase
página 34).

Oreja de mar

Conchas de quitón
(véase pág. 18).

Esta singular concha que
procede de las costas de Perú
y Chile está emparentada con
los múrices (véase pág. 12), pero
vive pegada a las rocas, como una lapa
(véase abajo).

Las lapas son conocidas
por adherirse firmemente
a las rocas, con lo cual
no las arrancan las
fuertes olas. Una
mina magnética
que se pega a los
cascos de los
buques ha sido
bautizada con su
nombre. Las
conchas de lapa
suelen estar muy
desgastadas o cubiertas
de algas y otras formas
de vida marina.

Conchas de
percebe y algas
sobre una concha
de lapa.

Lapa
de Safi
(Marruecos).

Muchos litorales albergan
caracoles que se alimentan de
bivalvos como los
mejillones y las ostras.
Algunos «barrenan» a
través de las conchas de
su presa, mientras que
otros, como el *latiro*
espinoso panameño
(derecha), han desarrollado
un diente especial que les
ayuda a abrir las valvas.

Latiro
espinoso
panameño.

Lapa
áspera
europea.

Diente

Caracolillo
de aguijón.

Moluscos perforadores de rocas

Algunos moluscos evitan que los arranque el fuerte oleaje pegándose firmemente a las rocas, o incluso perforándolas. Esos animales se alimentan proyectando hacia fuera tubitos o «abanicos» con el fin de capturar presas, o abriendo sus valvas y permitiendo que la corriente les aporte las microscópicas sustancias alimenticias que contiene. Los seres que se esconden en agujeros en las rocas, no sólo se libran de ser desprendidos, sino que logran así protección contra muchos de sus enemigos.

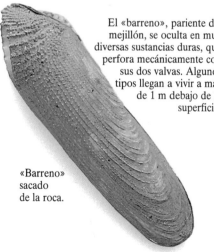

Piedra caliza

Concha

Valva superior del molusco.

Tubo calcáreo.

Algunos tipos de erizo de mar utilizan sus púas para excavar hoyos en la arena o el cieno, o huecos en la piedra. Así se protegen contra la fuerza de las olas o las corrientes. Se sujetan a la roca con sus hileras de pies tubulares aspirantes.

Las conchas de Retzius se asientan en cavidades ya existentes en las rocas, pero ensanchan su cobijo según van creciendo. En ocasiones, se quedan encajadas en sus huecos, siendo imposible que las olas las desalojen.

Algunos de los animalillos que viven dentro de las rocas sólo son visibles por un tubito calcáreo que proyectan desde su escondrijo.

La concha «joyero» es un bivalvo que no vive dentro de la roca, sino que pega su valva inferior a la superficie pétrea, igual que algunos tipos de ostra.

El «barreno», pariente del mejillón, se oculta en muy diversas sustancias duras, que perfora mecánicamente con sus dos valvas. Algunos tipos llegan a vivir a más de 1 m debajo de la superficie.

Dátil de mar sacado de la roca.

Orificio de «barreno» en la roca.

«Barreno» en la roca, y su sifón.

Molusco empotrado en la roca.

«Barreno» sacado de la roca.

El dátil de mar, otro pariente del mejillón, a diferencia del «barreno», no perfora la roca mecánicamente, sino que segrega un líquido que la ablanda, lo que le facilita excavarla con ayuda de los chorros de agua de sus sifones. Es comestible, y apreciado.

Tubitos de «gusano» en la concha de una ostra espinosa.

Los moluscos que viven agarrados a un lugar fijo brindan cobijo idóneo a otros: a menudo vemos tubitos duros blanquecinos de determinado gusanillo de mar en concha ajena.

Es frecuente ver copiosos racimos de percebes colgando de las paredes rocosas de la costa. También se adhieren a la cara inferior de los cascos de los barcos, y hay que arrancarlos de allí porque frenan la navegación.

Aunque se los suele llamar «conchas de gusano», esos tubitos de caprichosas formas son segregados por unos gasterópodos que se pasan la vida incrustados en superficies duras.

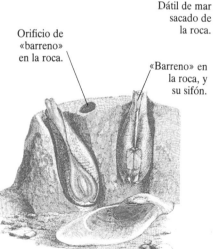

Racimo de percebes.

Tubos de «gusanillos» en una piedra.

Tubos de «gusanillos» en una concha de mejillón azulado mediterráneo.

Habitantes de los arrecifes

LAS FORMACIONES MADREPÓRICAS llamadas arrecifes de coral son unas complejas redes de millones de organismos vivos, que sustentan una densidad de vida mayor que cualquier otro entorno marino. Son como unos jardines bajo el agua, que poseen gran variedad de colorido y textura, y que dependen en buena parte de la luz y el calor solares para su supervivencia. El coral se da en abundancia en las regiones cálidas del globo: pueden verse grandes extensiones en el Caribe, en las costas de África Oriental y en los océanos Índico y Pacífico. En algún caso, las masas son impresionantes, y la más conocida es la Gran Barrera de Arrecifes frente al noreste de Australia, que se despliega a lo largo de más de 2.000 km. Entre la multitud de moradores de los arrecifes, hay muchos provistos de concha, aunque no son fáciles de descubrir, ya que se ocultan bajo los corales o dentro de ellos durante el día. Sólo al relativo amparo de la oscuridad emergen en busca de alimento. El asentamiento a flor de agua de los corales y la vida que cobijan les hace sumamente vulnerables y, aunque muchos arrecifes coralinos llevan aposentados desde mucho antes de que el hombre existiese sobre la tierra, ahora empiezan a estar amenazados por la rapiña y la contaminación humanas.

Sirenas y ninfas marinas son criaturas legendarias que, según los antiguos navegantes, vivían en los mares en torno a los arrecifes de coral. Se las representa a menudo peinándose las largas cabelleras con la espinosa concha de un múrice de púas.

Caracolillos de luna violáceos.

Este caracolillo es típico morador de los arrecifes tropicales; suele vivir en hendiduras o huecos de las ramas vivas de coral. Las hembras de esa especie son a menudo mayores que los machos.

Cono textil.

Cono marmóreo.

Capas de crecimiento acanaladas.

Pariente menos voluminosa de la *tridacna* gigante, que llega a medir 1,5 m de largo (véase página 17), esta hermosa concha puede encontrarse en los arrecifes someros a lo largo de casi toda la región indopacífica. Se alimenta por filtración: permanece con las valvas entreabiertas y «criba» los microorganismos contenidos en el agua.

Mitra papal

Entre los moluscos mayores y más decorativos de los arrecifes, están los *conos* y las *mitras*. Son de distintas familias, pero igualmente conocidos por sus vistosos colores y formas. Sabido es también que los conos disparan contra sus presas un dardo paralizante que, en algunos casos, es mortal.

Las populares *cauríes* o «porcelanitas» son de las conchas más bonitas y variadas que pueden hallarse en los arrecifes. Los tipos más pequeños suelen encontrarse en las placas inferiores del coral.

Coral azul

Primeras espiras de la concha.

Múrice «escorpión».

aquiópodo

Conchas «joyero».

En este fragmento de coral atlántico, unas conchas «joyero» y un braquiópodo forman una microcomunidad firmemente empotrada en la masa.

Múrice «zambo».

Uno de los habitantes más insólitos de los arrecifes es el *magilus,* que se dedica a excavar, y se pasa la vida en el interior de las placas coralinas. Según va creciendo, el molusco va segregando un tubo largo e irregular, y rellena las espiras anteriores con una masa calcárea.

Caurí «con mapa».

Caurí «topo».

Concha escorpión.

Muchos de los múrices que viven alrededor de los arrecifes han adaptado sus conchas como si remedasen al propio coral. Las conchas vivas suelen estar cargadas de incrustaciones marinas que les procuran un excelente camuflaje. La del «escorpión» o «araña» (derecha) tiene unas características «espinas» y un «garfio» que le permiten gatear por la arena en torno al arrecife, sin que la arrastren las fuertes corrientes submarinas.

La evidente belleza y la relativa facilidad con que pueden hallarse muchas conchas de caurí en los arrecifes de aguas poco profundas las convierten en presas de los buscadores de conchas. Por desgracia, las capturas indiscriminadas en los arrecifes más asequibles del Pacífico amenazan con esquilmar asentamientos antes abundantes. La demanda de este tipo de conchas ha fomentado que su búsqueda pase a ser ocupación habitual en algunas regiones tropicales.

Caurí «argus».

Cuarí «tortuga».

El «coral» que muchas personas conocen no es más que el esqueleto descolorido y blanquecino de lo que fue una masiva comunidad de minúsculos animalillos de vivos colores denominados *pólipos.* El coral se da en todas las formas y tamaños, y en él aparecen a menudo conchas escondidas o encajadas en su frágil estructura, tanto en su parte viva como en la muerta. Aunque todos los corales son decorativos, en joyería se utilizan más las piezas pescadas en aguas profundas.

Continúa en la página siguiente.

Las tortugas de mar pueden verse en las cálidas aguas que rodean a los arrecifres de coral tropicales: la *carey* (véase pág. 31) es típica moradora de esos entornos. Por la abundancia de vida marina que encierran, los arrecifes de aguas someras sirven a muchos seres vivos de lugar idóneo para buscar alimento. Algunas tortugas marinas han adoptado unos increíbles hábitos migratorios, como desplazarse centenares de millas desde los lugares donde se alimentan para ir a anidar en las playas donde nacieron. La tortuga verde (abajo) viaja al sitio donde anida cada dos o tres años.

La isla de Erskine, en el Pacífico, frente a las costas de Queensland (al noroeste de Australia), está formada por coral muerto y rodeada de coral vivo. Centenares de pequeñas islas como ésta pueden verse en la Gran Barrera de Arrecifes australiana.

Diferencias de colorido en los erizos de mar tropicales.

Los erizos de mar (véase pág. 20) son frecuentes inquilinos de muchos arrecifes de coral: sus caparazones cubiertos de púas se encuentran comúnmente en las oquedades de los arrecifes. Los erizos son principalmente herbívoros, y se alimentan de algas menudas que arrancan de la roca y del coral muerto.

Estos extraños ejemplares pueden parecer plantas, pero en realidad son pólipos, como los corales. Este *tubularia* pajizo es un pólipo carnívoro de largos tallos encajados en tubos amarillentos. Estos seres se adhieren firmemente a conchas y piedras.

Las láminas lisas no se superponen.

El color del caparazón puede ser verde, marrón o negro.

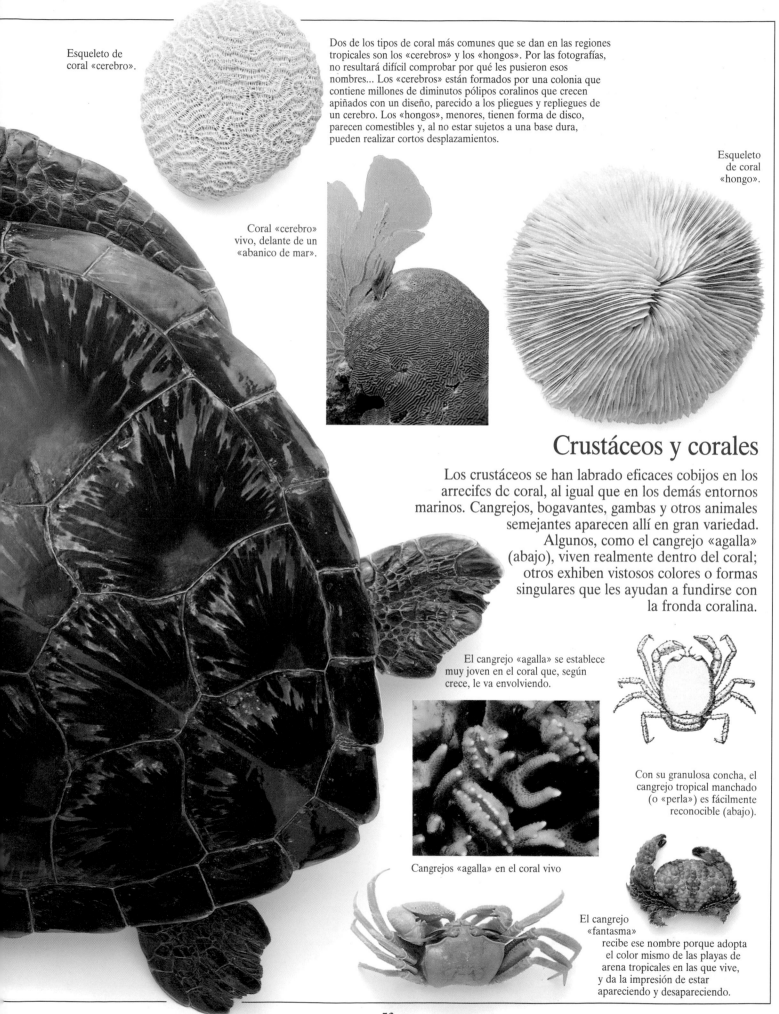

Esqueleto de coral «cerebro».

Dos de los tipos de coral más comunes que se dan en las regiones tropicales son los «cerebros» y los «hongos». Por las fotografías, no resultará difícil comprobar por qué les pusieron esos nombres... Los «cerebros» están formados por una colonia que contiene millones de diminutos pólipos coralinos que crecen apiñados con un diseño, parecido a los pliegues y repliegues de un cerebro. Los «hongos», menores, tienen forma de disco, parecen comestibles y, al no estar sujetos a una base dura, pueden realizar cortos desplazamientos.

Esqueleto de coral «hongo».

Coral «cerebro» vivo, delante de un «abanico de mar».

Crustáceos y corales

Los crustáceos se han labrado eficaces cobijos en los arrecifcs dc coral, al igual que en los demás entornos marinos. Cangrejos, bogavantes, gambas y otros animales semejantes aparecen allí en gran variedad. Algunos, como el cangrejo «agalla» (abajo), viven realmente dentro del coral; otros exhiben vistosos colores o formas singulares que les ayudan a fundirse con la fronda coralina.

El cangrejo «agalla» se establece muy joven en el coral que, según crece, le va envolviendo.

Con su granulosa concha, el cangrejo tropical manchado (o «perla») es fácilmente reconocible (abajo).

Cangrejos «agalla» en el coral vivo

El cangrejo «fantasma» recibe ese nombre porque adopta el color mismo de las playas de arena tropicales en las que vive, y da la impresión de estar apareciendo y desapareciendo.

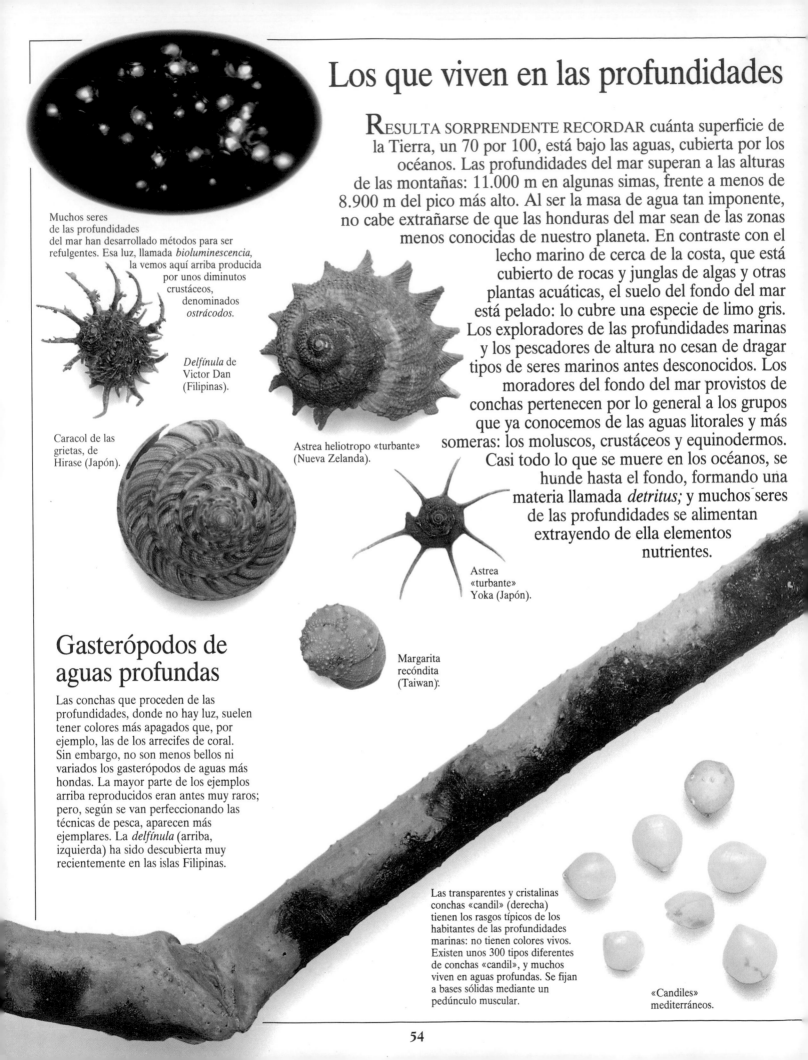

Los que viven en las profundidades

RESULTA SORPRENDENTE RECORDAR cuánta superficie de la Tierra, un 70 por 100, está bajo las aguas, cubierta por los océanos. Las profundidades del mar superan a las alturas de las montañas: 11.000 m en algunas simas, frente a menos de 8.900 m del pico más alto. Al ser la masa de agua tan imponente, no cabe extrañarse de que las honduras del mar sean de las zonas menos conocidas de nuestro planeta. En contraste con el lecho marino de cerca de la costa, que está cubierto de rocas y junglas de algas y otras plantas acuáticas, el suelo del fondo del mar está pelado: lo cubre una especie de limo gris. Los exploradores de las profundidades marinas y los pescadores de altura no cesan de dragar tipos de seres marinos antes desconocidos. Los moradores del fondo del mar provistos de conchas pertenecen por lo general a los grupos que ya conocemos de las aguas litorales y más someras: los moluscos, crustáceos y equinodermos.

Casi todo lo que se muere en los océanos, se hunde hasta el fondo, formando una materia llamada *detritus;* y muchos seres de las profundidades se alimentan extrayendo de ella elementos nutrientes.

Muchos seres de las profundidades del mar han desarrollado métodos para ser refulgentes. Esa luz, llamada *bioluminescencia,* la vemos aquí arriba producida por unos diminutos crustáceos, denominados *ostrácodos.*

Delfínula de Victor Dan (Filipinas).

Caracol de las grietas, de Hirase (Japón).

Astrea heliotropo «turbante» (Nueva Zelanda).

Astrea «turbante» Yoka (Japón).

Margarita recóndita (Taiwan).

Gasterópodos de aguas profundas

Las conchas que proceden de las profundidades, donde no hay luz, suelen tener colores más apagados que, por ejemplo, las de los arrecifes de coral. Sin embargo, no son menos bellos ni variados los gasterópodos de aguas más hondas. La mayor parte de los ejemplos arriba reproducidos eran antes muy raros; pero, según se van perfeccionando las técnicas de pesca, aparecen más ejemplares. La *delfínula* (arriba, izquierda) ha sido descubierta muy recientemente en las islas Filipinas.

Las transparentes y cristalinas conchas «candil» (derecha) tienen los rasgos típicos de los habitantes de las profundidades marinas: no tienen colores vivos. Existen unos 300 tipos diferentes de conchas «candil», y muchos viven en aguas profundas. Se fijan a bases sólidas mediante un pedúnculo muscular.

«Candiles» mediterráneos.

Crustáceos de aguas profundas

Los crustáceos están entre los animales que más abundan en alta mar. Allí se dan desde los diminutos ostrácodos (página izquierda) hasta enormes cangrejos, como el centollo japonés (véase abajo una pata), así como bogavantes ciegos cuyos fósiles eran conocidos mucho antes de que aparecieran ejemplares vivos. Algunos de los crustáceos grandes son capturados por las artes de pesca, pero la mayoría de ellos viven tranquilamente en la oscuridad del fondo marino, lejos del alcance de la humana codicia.

El cangrejo angular (izquierda) se da en el Mediterráneo y en el nordeste atlántico, a unos 150 m de profundidad. Vive en madrigueras en el lecho marino.

La fotografía de esta pata de centollo japonés es de tamaño natural.

El mayor de todos los crustáceos es el centollo japonés gigante. Con sus largas patas con pinza desplegadas, llega a una envergadura de 3,70 m, y su caparazón puede medir 46 cm de largo. Los pescadores, famosos por sus exageraciones, hablan de centollos de 98 m de parte a parte. Presentes en el norte del Pacífico, a la altura del Japón, los centollos de terrible aspecto se capturan para el consumo, y no cabe duda de que pueden alimentar a una familia numerosa...

Lima gigante de Rathbun, o concha «legajo» (Filipinas).

Estas imágenes del libro *Japan Diaries*, del naturalista de comienzos de este siglo Richard Gordon Smith, muestran las terroríficas proporciones del centollo japonés. El hombre que se ha puesto el caparazón en la cabeza se queda enano en comparación con las enormes pinzas del crustáceo. En la acuarela de abajo, vemos al «monstruo» aterrorizando a unos niños en la playa.

Bivalvos de aguas profundas

El blando limo que cubre la base rocosa de la mayor parte del fondo del océano ofrece un cobijo ideal a los moluscos bivalvos, que se nutren filtrando las aguas y obtienen su alimento de la materia orgánica que va cayendo desde la superficie del mar. Los submarinos de grandes profundidades han descubierto bivalvos gigantes en el lecho marino a profundidades de 2,5 km. La lima gigante «legajo» (arriba) fue capturada por un barco de investigación soviético a 360 m de profundidad.

Hallazgos en agua dulce

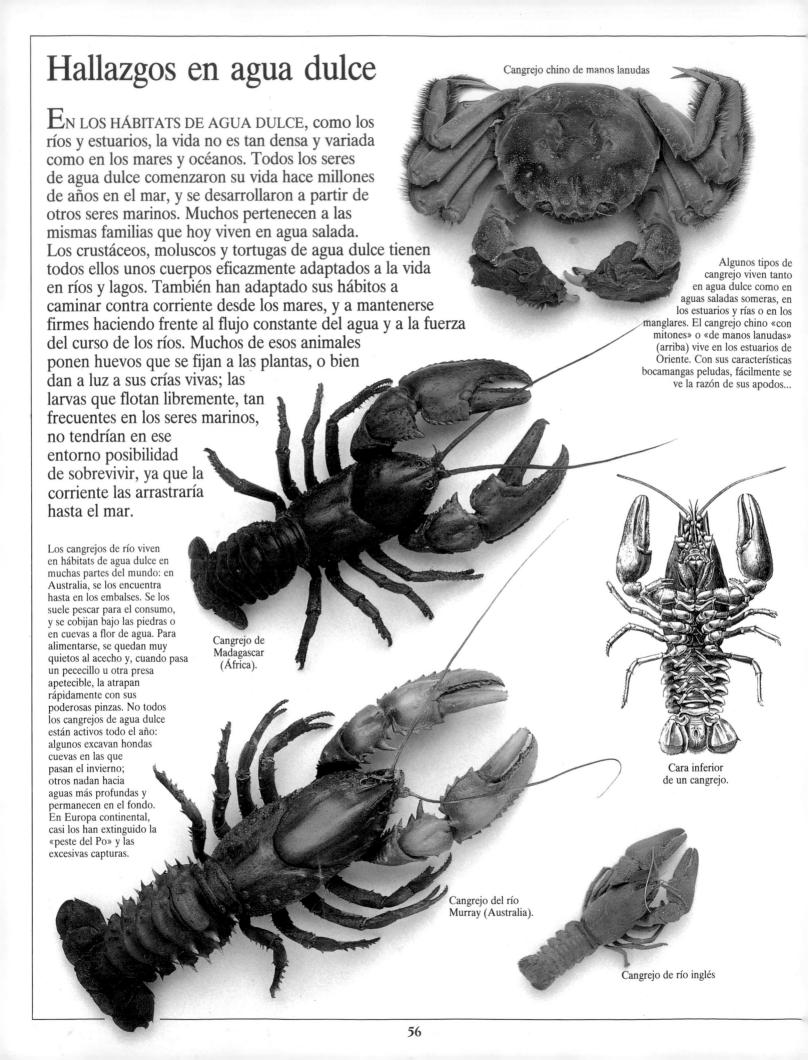

En los hábitats de agua dulce, como los ríos y estuarios, la vida no es tan densa y variada como en los mares y océanos. Todos los seres de agua dulce comenzaron su vida hace millones de años en el mar, y se desarrollaron a partir de otros seres marinos. Muchos pertenecen a las mismas familias que hoy viven en agua salada. Los crustáceos, moluscos y tortugas de agua dulce tienen todos ellos unos cuerpos eficazmente adaptados a la vida en ríos y lagos. También han adaptado sus hábitos a caminar contra corriente desde los mares, y a mantenerse firmes haciendo frente al flujo constante del agua y a la fuerza del curso de los ríos. Muchos de esos animales ponen huevos que se fijan a las plantas, o bien dan a luz a sus crías vivas; las larvas que flotan libremente, tan frecuentes en los seres marinos, no tendrían en ese entorno posibilidad de sobrevivir, ya que la corriente las arrastraría hasta el mar.

Cangrejo chino de manos lanudas

Algunos tipos de cangrejo viven tanto en agua dulce como en aguas saladas someras, en los estuarios y rías o en los manglares. El cangrejo chino «con mitones» o «de manos lanudas» (arriba) vive en los estuarios de Oriente. Con sus características bocamangas peludas, fácilmente se ve la razón de sus apodos...

Los cangrejos de río viven en hábitats de agua dulce en muchas partes del mundo: en Australia, se los encuentra hasta en los embalses. Se los suele pescar para el consumo, y se cobijan bajo las piedras o en cuevas a flor de agua. Para alimentarse, se quedan muy quietos al acecho y, cuando pasa un pececillo u otra presa apetecible, la atrapan rápidamente con sus poderosas pinzas. No todos los cangrejos de agua dulce están activos todo el año: algunos excavan hondas cuevas en las que pasan el invierno; otros nadan hacia aguas más profundas y permanecen en el fondo. En Europa continental, casi los han extinguido la «peste del Po» y las excesivas capturas.

Cangrejo de Madagascar (África).

Cara inferior de un cangrejo.

Cangrejo del río Murray (Australia).

Cangrejo de río inglés

La tortuga europea de laguna, o *galápago* (derecha), es una de las más de 80 especies de agua dulce que aún siguen existiendo. Es carnívora, y captura para alimentarse (tanto en el agua como en tierra) pececillos, gusanos, moluscos y ranas.

Así como la mayoría de los miembros de la familia de las tortugas de agua dulce tiene caparazones duros, la tortuguita espinosa de río norteamericana tiene un caparazón redondeado y flexible sin placas óseas. A diferencia de otros congéneres, ésta, de concha blanda, puede moverse con la misma rapidez en el agua que en tierra.

La tortuga mordedora «caimán» tiene un aspecto de lo más singular. Para capturar sus presas, «se hace el muerto» en el lecho del río, con sus fauces entreabiertas. Dentro de la boca tiene un apéndice carnoso sonrosado semejante a un gusanillo en movimiento. Todo pececillo desprevenido que se deje engañar por ese «cebo» encuentra la muerte al instante entre las poderosas mandíbulas de la tortuga. Las tortugas «caimán» viven en los ríos y lagos profundos del centro de América del Norte, donde las suelen pescar para el consumo.

Criadero de tortugas mordedoras «caimán».

Caracoles «cuerno de morueco» iberoamericanos.

Caracol fluvial gigante amazónico.

Caracol gigante de río, venezolano.

«Ostra» de agua dulce africana.

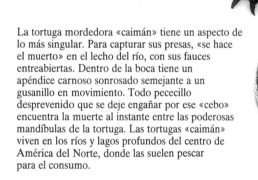

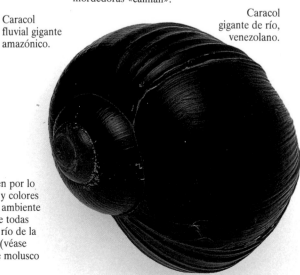

Los moluscos que viven en hábitas de agua dulce tienen por lo general conchas más ligeras y delgadas que los de mar, y colores más apagados, lo cual les permite fundirse mejor con el ambiente que los rodea. Existen gasterópodos de agua dulce de todas formas y tamaños, siendo los mayores los caracoles de río de la cuenca del Amazonas y de algunas partes de África (véase arriba). Gasterópodos y bivalvos son los únicos tipos de molusco que viven en agua dulce.

Habitantes de tierra adentro

AUNQUE LA MAYORÍA DE LOS SERES con caparazón viven en los diversos océanos del globo, a lo largo de millones de años ha habido algunos que han ido emergiendo lentamente de los mares y evolucionando hasta adaptarse por completo a la vida terrestre. Entre los que mejor lo han conseguido, están los moluscos, de los cuales millares de tipos diferentes de caracoles viven en entornos tan dispares como los desiertos y las selvas tropicales. Algunos se han asentado en lo alto de las ramas del manto forestal, mientras que otros se esconden a varios palmos bajo tierra. Unos pocos crustáceos y algunos reptiles también se han adaptado felizmente a la tierra, si bien las perezosas tortugas son los únicos reptiles que han necesitado conservar una protectora concha externa.

Cáscara dura del coco, rota por un cangrejo.

Poderosísimas pinzas.

Caparazón reforzado.

El cangrejo ladrón, o «de los cocos», se da en algunas islas del Pacífico. Gigante trepador, llega a tener más a 45 cm de largo, y sube por los troncos del cocotero en busca de los cocos, que abre cascándolos con su vigorosas pinzas. Cuando es joven adulto, el cangrejo lleva una concha de molusco, como un cangrejo-ermitaño; y cuando alcanza su madurez, lleva media cáscara de coco... En caso necesario, confía para su defensa en las pinzas y el duro exoesqueleto. En algunas islas, se le captura para comer su cuerpo. Eso sí: es preciso manejarle con toda precaución, para evitar heridas graves, como nos muestra el nativo de las islas de Cook de la izquierda.

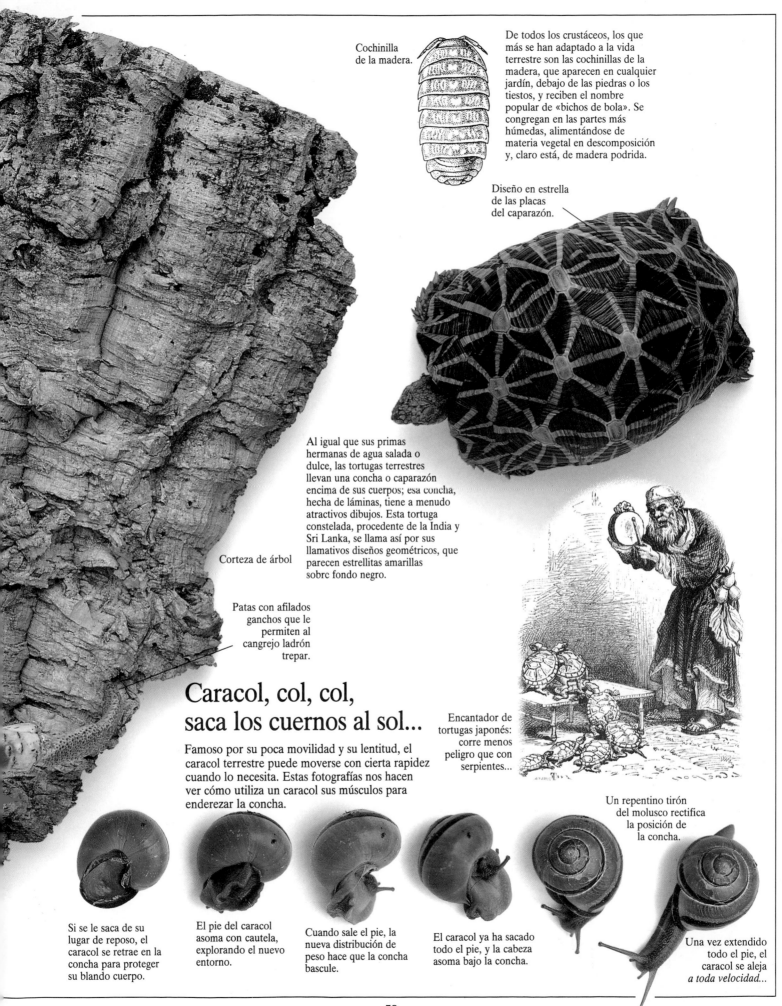

Cochinilla de la madera.

De todos los crustáceos, los que más se han adaptado a la vida terrestre son las cochinillas de la madera, que aparecen en cualquier jardín, debajo de las piedras o los tiestos, y reciben el nombre popular de «bichos de bola». Se congregan en las partes más húmedas, alimentándose de materia vegetal en descomposición y, claro está, de madera podrida.

Diseño en estrella de las placas del caparazón.

Al igual que sus primas hermanas de agua salada o dulce, las tortugas terrestres llevan una concha o caparazón encima de sus cuerpos; esa concha, hecha de láminas, tiene a menudo atractivos dibujos. Esta tortuga constelada, procedente de la India y Sri Lanka, se llama así por sus llamativos diseños geométricos, que parecen estrellitas amarillas sobre fondo negro.

Corteza de árbol

Patas con afilados ganchos que le permiten al cangrejo ladrón trepar.

Encantador de tortugas japonés: corre menos peligro que con serpientes...

Caracol, col, col, saca los cuernos al sol...

Famoso por su poca movilidad y su lentitud, el caracol terrestre puede moverse con cierta rapidez cuando lo necesita. Estas fotografías nos hacen ver cómo utiliza un caracol sus músculos para enderezar la concha.

Un repentino tirón del molusco rectifica la posición de la concha.

Si se le saca de su lugar de reposo, el caracol se retrae en la concha para proteger su blando cuerpo.

El pie del caracol asoma con cautela, explorando el nuevo entorno.

Cuando sale el pie, la nueva distribución de peso hace que la concha bascule.

El caracol ya ha sacado todo el pie, y la cabeza asoma bajo la concha.

Una vez extendido todo el pie, el caracol se aleja *a toda velocidad...*

Conchas en lugares insólitos

E<small>N SU CONSTANTE LUCHA POR LA VIDA</small>, las plantas y los animales han evolucionado ocupando gran diversidad de entornos terrestres, de aguas dulces y de medios marinos. En el mundo de los seres con caparazón, se dan muchos ejemplos de hábitats peculiares en los que se ha asentado un solo tipo de animal con concha; y muchos de ellos han aprendido que la mejor manera de sobrevivir es no ser demasiado exigente: los percebes y ciertos tipos de gusanos son seres solamente preocupados por tener una sólida base para vivir. Algunos han establecido estrechas asociaciones con otros animales y existen de modo parasitario, mientras que otros se adhieren a cualquier tipo de superficie segura que encuentren.

Braquiópodo, o «candil».

Los braquiópodos, o «candiles», se adhieren a los sólidos sustratos mediante un pedúnculo flexible, y a veces se los ve pegados a las conchas de los moluscos, como éste de arriba.

Percebes

Centenares de tubitos calcáreos blancos producidos por cierto tipo de gusano marino recubren esta concha vacía de berberecho. Esos gusanos se adhieren a casi todas las superficies sólidas a su alcance, y suelen vivir en copiosas colonias. Desde el extremo de los tubitos, sacan sus tentáculos para capturar partículas alimenticias al paso.

Tubitos calcáreos de gusanos.

Molusco

Tubito de gusano en lo alto de una concha «peonza».

Concha de molusco.

Como si quisiera imitar la concha de su compañero, este tubito ha ido siguiendo lentamente el arrollamiento en espiral del molusco en el que se ha asentado.

Este bivalvo, una ostra escamosa, tiene dos tipos muy diferentes de animalillos marinos pegados a su concha. Aunque los tubitos calcáreos blancos tienen forma de gusano, los mayores pertenecen en realidad a un molusco gasterópodo.

Tubitos de gusano.

Percebes «cuello de ganso».

Sumergida desde hace unos 2.000 años, esta olla romana (derecha) ha dado probablemente albergue a millares de seres marinos diferentes. Vemos aquí tres tipos distintos: percebes, tubitos de gusano y moluscos.

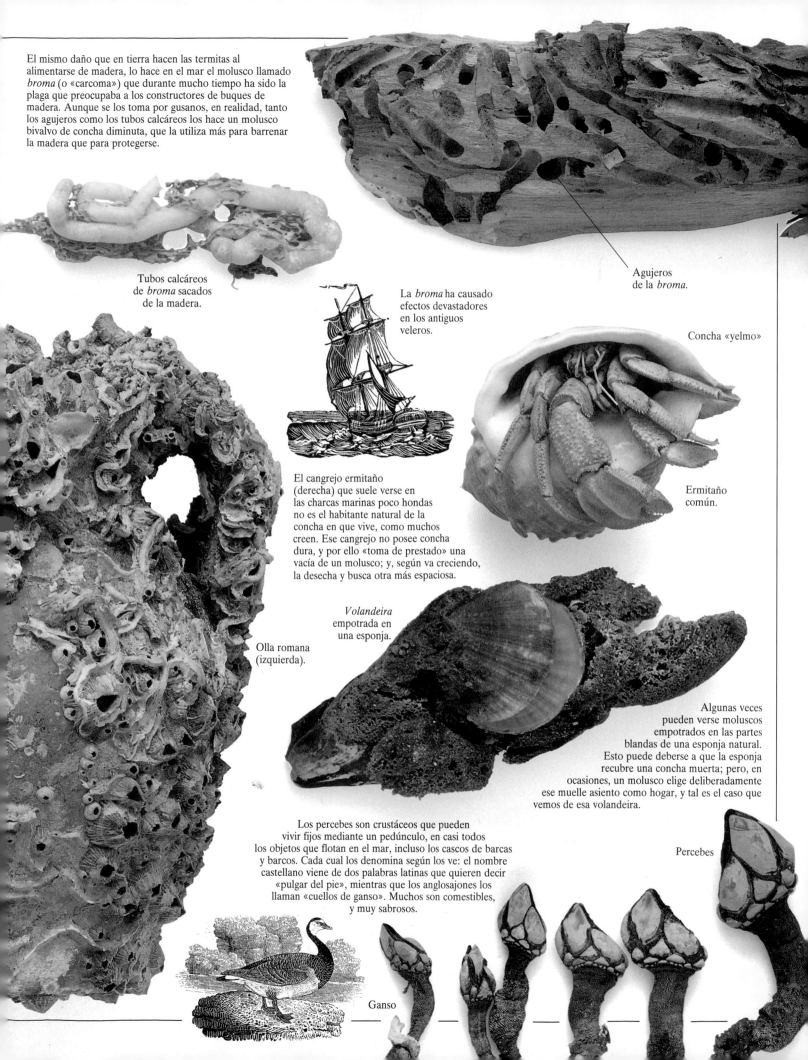

El mismo daño que en tierra hacen las termitas al alimentarse de madera, lo hace en el mar el molusco llamado *broma* (o «carcoma») que durante mucho tiempo ha sido la plaga que preocupaba a los constructores de buques de madera. Aunque se los toma por gusanos, en realidad, tanto los agujeros como los tubos calcáreos los hace un molusco bivalvo de concha diminuta, que la utiliza más para barrenar la madera que para protegerse.

Tubos calcáreos de *broma* sacados de la madera.

Agujeros de la *broma*.

La *broma* ha causado efectos devastadores en los antiguos veleros.

Concha «yelmo»

El cangrejo ermitaño (derecha) que suele verse en las charcas marinas poco hondas no es el habitante natural de la concha en que vive, como muchos creen. Ese cangrejo no posee concha dura, y por ello «toma de prestado» una vacía de un molusco; y, según va creciendo, la desecha y busca otra más espaciosa.

Ermitaño común.

Volandeira empotrada en una esponja.

Olla romana (izquierda).

Algunas veces pueden verse moluscos empotrados en las partes blandas de una esponja natural. Esto puede deberse a que la esponja recubre una concha muerta; pero, en ocasiones, un molusco elige deliberadamente ese muelle asiento como hogar, y tal es el caso que vemos de esa volandeira.

Los percebes son crustáceos que pueden vivir fijos mediante un pedúnculo, en casi todos los objetos que flotan en el mar, incluso los cascos de barcas y barcos. Cada cual los denomina según los ve: el nombre castellano viene de dos palabras latinas que quieren decir «pulgar del pie», mientras que los anglosajones los llaman «cuellos de ganso». Muchos son comestibles, y muy sabrosos.

Percebes

Ganso

La colección de conchas

COLECCIONAR MOLUSCOS Y CRUSTÁCEOS es una afición popular y gratificante y, para iniciarse en ella, puede bastar un paseo por la playa. En ocasiones, resulta necesario capturar animales vivos, porque sus conchas suelen hallarse en mejores condiciones que las zarandeadas por el oleaje o dañadas por los temporales. La obtención de ejemplares vivos puede suponer el que haya que bucear, o «peinar» la playa de noche con un rastrillo. De todos modos, a no ser que se tenga interés en estudiar al animal, cabe contentarse con coleccionar conchas muertas. Se recomienda tratar con cuidado todo lo que haya que tocar y, en caso de que se tengan que desplazar rocas o ramas de coral, para mirar debajo o entre ellas, conviene dejarlas otra vez según estaban. Asimismo se encarece no llevarse más que las piezas que se necesiten, y dejar sobre todo algunos ejemplares jóvenes, para que crezcan y produzcan futuras generaciones.

Las pozas entre rocas suelen encerrar mucha vida, y a veces allí se quedan rezagados ciertos moluscos que por lo general se encuentran en aguas más profundas. Es conveniente escudriñar con cuidado, porque muchos animalillos buscan cobijo en la oscuridad y humedad de las grietas de las peñas, o debajo de las piedras.

La búsqueda debajo del agua muestra muchas conchas en su hábitat natural. Para ello, en aguas someras puede usarse el tubo, las aletas y gafas de buceo y, para las más profundas, el equipo autónomo con bombonas de oxígeno, que permitirá descubrir mundos nuevos.

Bolsitas de plástico para guardar muestras.

Gafas y tubo de buceo.

Navaja fuerte.

Lo primero que necesita un buscador de conchas, es buena vista, porque las conchas vivas rara vez ofrecen los vistosos colores que se contemplan en las colecciones. Para despegar las conchas de las rocas, resultará muy útil una buena navaja, y es esencial una bolsa de cualquier tipo. Además, unas cribas de diferentes tramas vendrán muy bien para separar las conchas de diversos tamaños.

Conchas, gravilla y maleza separadas de la arena.

Criba para separar las conchas menudas de la arena.

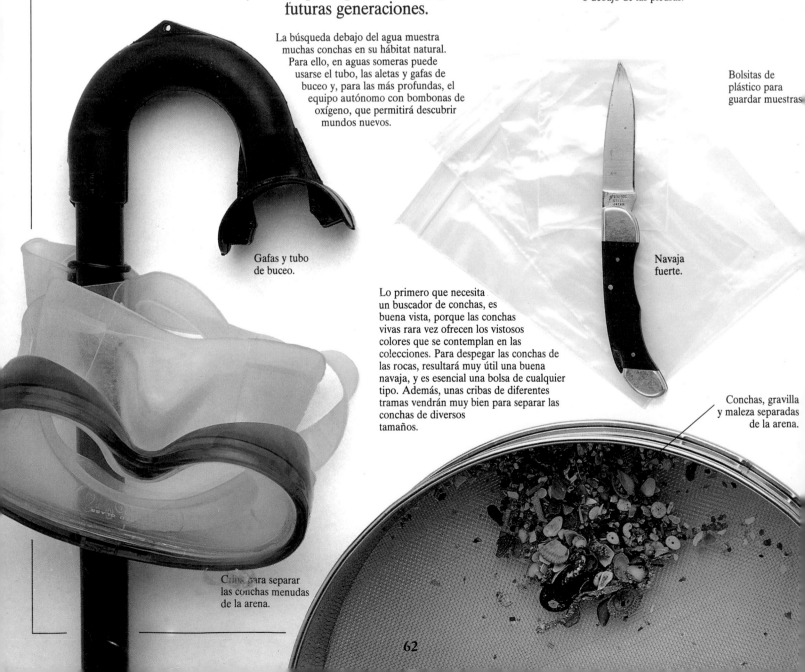

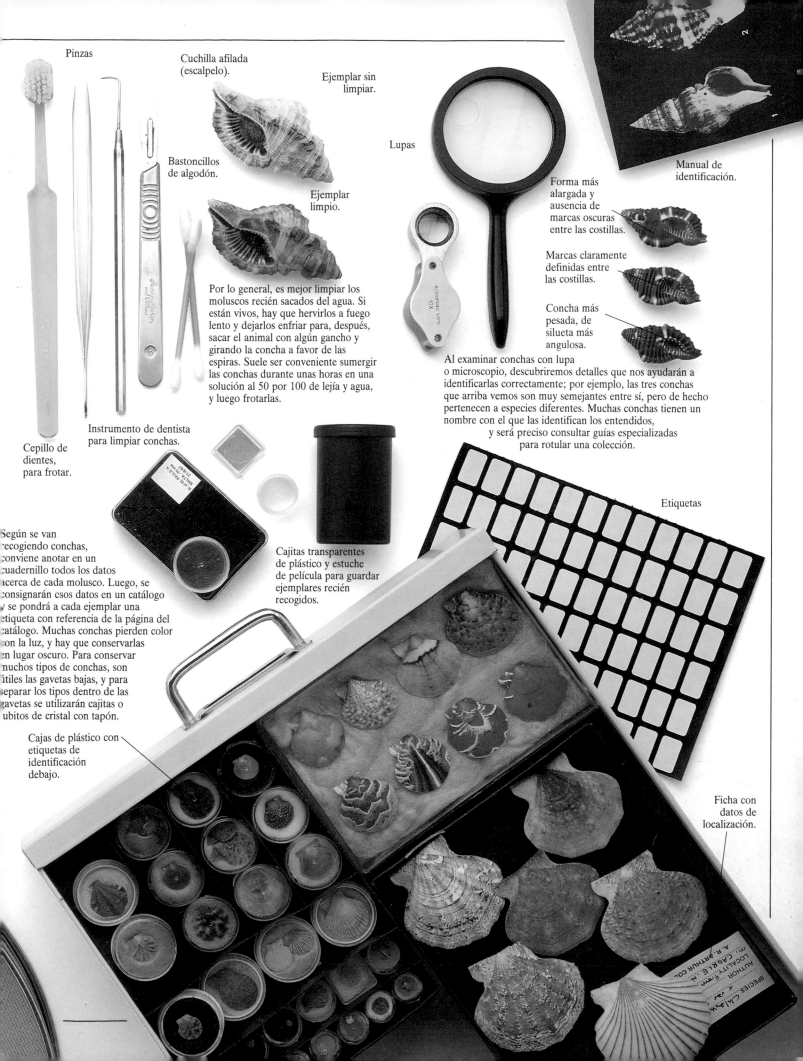

Pinzas

Cuchilla afilada
(escalpelo).

Ejemplar sin
limpiar.

Lupas

Manual de
identificación.

Bastoncillos
de algodón.

Ejemplar
limpio.

Forma más
alargada y
ausencia de
marcas oscuras
entre las costillas.

Por lo general, es mejor limpiar los
moluscos recién sacados del agua. Si
están vivos, hay que hervirlos a fuego
lento y dejarlos enfriar para, después,
sacar el animal con algún gancho y
girando la concha a favor de las
espiras. Suele ser conveniente sumergir
las conchas durante unas horas en una
solución al 50 por 100 de lejía y agua,
y luego frotarlas.

Marcas claramente
definidas entre
las costillas.

Concha más
pesada, de
silueta más
angulosa.

Al examinar conchas con lupa
o microscopio, descubriremos detalles que nos ayudarán a
identificarlas correctamente; por ejemplo, las tres conchas
que arriba vemos son muy semejantes entre sí, pero de hecho
pertenecen a especies diferentes. Muchas conchas tienen un
nombre con el que las identifican los entendidos,
y será preciso consultar guías especializadas
para rotular una colección.

Instrumento de dentista
para limpiar conchas.

Cepillo de
dientes,
para frotar.

Etiquetas

Según se van
recogiendo conchas,
conviene anotar en un
cuadernillo todos los datos
acerca de cada molusco. Luego, se
consignarán csos datos en un catálogo
y se pondrá a cada ejemplar una
etiqueta con referencia de la página del
catálogo. Muchas conchas pierden color
con la luz, y hay que conservarlas
en lugar oscuro. Para conservar
muchos tipos de conchas, son
útiles las gavetas bajas, y para
separar los tipos dentro de las
gavetas se utilizarán cajitas o
cubitos de cristal con tapón.

Cajitas transparentes
de plástico y estuche
de película para guardar
ejemplares recién
recogidos.

Cajas de plástico con
etiquetas de
identificación
debajo.

Ficha con
datos de
localización.

Índice

Iconografía

s = superior c = centro i = inferior
iz = izquierda d = derecha

Doug Allan: 26;
The Ancient Art & Architecture
    Collection: 44id;
Heather Angel: 20, 25, 40siz y cd, 46sd,
    54siz;
Ardea London: 29sd, 35cd;
Axel Poignant Archive: 39cd;
BBC Hulton Picture Library: 37s y iiz;
The Bridgeman Art Library/Galleria
    Uffizi, Florencia: 16;
The Bridgeman Art Library/Alan Jacobs
    Gallery, Londres: 22sd;
Bruce Coleman Ltd.: 7sd;
Mary Evans Picture Library: 8, 11, 12,

15, 19id, 26iiz, 28siz, 30sd, 34siz y
    cd, 36id, 50siz, 57siz y cd, 59cd;
The Kobal Collection/20th Century
    Fox: 14;
National Museum of Wales: 38iiz;
Planet Earth Pictures/Seaphot: 19 cd,
    24id, 27, 42, 52siz, 53 sc y ic, 58iiz;
Rothschild Estate: 30id;
Robert Harding Picture Library: 55iiz.

Ilustradores: Will Giles, Sandra Pond:
    21i; 35s; 43i.

Han colaborado:
David Attard (Malta);
Andrew Clarke (British Antartic
    Survey);

Derek Combes;
Geoff Cox, Koën Fraussen (Bélgica);
el dr. Ray Ingle, el dr. Roger Lincoln,
    Colin McCarthy, Chris Owen y
    Andrew Stimson, del Museo
    Británico (Historia Natural);
Samuel Jones (Pearls) Ltd.;
Sue Mennell;
Alistair Moncour;
José María Hernández Otero
    (España);
Tom y Celia Pain;
Respectable Reptiles;
Alan Seccombe;
el dr. Francisco García Talavera, del
    Museo de Santa Cruz (Historia
    Natural);

Ken Wye (Eaton Shell Shop);
John Joules;
Fred Ford y Mike Pilley, de Radius
    Graphics;
Karl Shone, con fotografías especiales
    de las págs. 6-7 y 40-41;
Jane Burton, con la fotografía especial
    de la pág. 59.